换装小熊快乐的一天

玩偶和服饰手作书

[日]金森美也子 / the linen bird　著

[日] Kitchen Minoru　摄影

李向颖　译

東華大學出版社·上海

前 言

《 换装小熊快乐的一天 》

是一本可读、可做、可玩的布艺玩偶绘本与制作教程。

感受给玩偶穿衣服时那种温柔、亲切、可爱的感觉——

请试着和小熊、小狗一起编你的故事吧！

本书中出现的玩偶们

小鸟（Cotori）

一个喜欢啾啾叫的朋友，
总是和他们在一起。

小熊（Coucou）

她住在森林里，
是一只爱打扮的小熊。

小狗（Flaxy）

小熊的朋友，
拥有一家很受欢迎的服装店。

目 录

"早上好，早上好！"
被小鸟啄了一下的小熊，开始了新的一天。

小熊非常爱打扮。

今天，她准备去小狗的店里看新衣服。

这一天，小熊穿上了她喜欢的碎花连衣裙。

02 碎花连衣裙 P.46

披上开衫，准备出门啦！

16 针织开衫 P.73

跨过小河，穿过森林。

到了街上，小熊找了一家咖啡馆。"坐下来休息一会儿吧！"

小熊到了小狗的服装店。

"你好！"

"嗨～欢迎光临！"
小狗出门来迎接她。

"今天有很多新款上市，快来试试看吧！"小狗说。

“太棒了！”
小熊决定选一些自己喜欢的衣服来试穿。

"黑色的小圆领很漂亮吧？鞋子也要注意搭配哦。"

06 彼得潘领连衣裙 P.54
系带鞋子 / 展示作品

"这件衬衫的荷叶边领子是可脱卸的，很适合你呢！"

"夏天穿连衣裙很凉快，别忘记搭配草帽呀！"

"穿着高领毛衣和配套的袜子，不管冬天多冷都不用担心了。"

"下次一起出去逛街的衣服也做好了！"

"好期待啊！"

小熊今天满载而归，兴高采烈地回家了！

"谢谢你，再见！"
"谢谢惠顾，再见！期待再次光临呀！"

今天小熊买了一件黄色的小碎花衬衫，还有一条和小狗穿的一样的牛仔裤。

"把衬衫的领子去掉，简单地穿也很可爱。"小狗这样建议。

"因为这个设计细节，我喜欢上了这个款式！"

"咦？怎么回事？"

小熊发现袋子里还有什么东西。

23 披肩和小鸟的毛球帽　P.81

口袋里出现了一个毛线披肩和一顶毛球帽。

"哇——小狗偷偷送了礼物给我！小鸟，快戴上看看！"

小熊立刻为自己披上披肩，为小鸟戴上帽子：

"太棒了，太适合你了！"

小鸟也很高兴。

"真是开心的一天啊！"
小熊和小鸟
怀着幸福的心情入睡了……

晚安。

小衣橱

12 领子可脱卸的衬衫
P.66

11 立领衬衫
P.64

09 刺绣针织衫
P.60

10 高领毛衣
P.62

16 针织开衫
P.73

22 条纹毛衣
P.80

02 碎花连衣裙
P.46

01 睡衣
P.44

06 彼得潘领连衣裙
P.54

08 斜襟连衣裙
P.58

03 羊毛大衣
P.48

05 牛仔裤
P.52

07 背带裤
P.56

15 A字裙
P.72

13 荷叶边短裙
P.68

14 工装裤
P.70

17 针织帽
P.74

19 卷檐帽
P.77

20 宽檐草帽
P.78

18 篮子包
P.76

04 帆布鞋
P.51

21 针织袜子
P.79

23 披肩和小鸟的毛球帽
P.81

制 作 说 明

* 正文中所列出的尺寸，没有特别列出的单位全部为厘米（cm）。

* 材料栏中列出的使用布量，一般为：纵向尺寸（长度）× 横向尺寸（门幅）。

* 实物纸样含有缝份。线的种类请参照下方列举的"纸样记号说明"。

* 棉和亚麻的面料在裁剪前需要做丝缕归整。

* 本书案例用到了缝纫机，但也可以采用手缝。细小的部件和弯曲部分采用手缝，效果会更好。手缝的时候，请使用半回针或全回针的针法仔细地缝合。

* 除了可以用拷边机处理缝份，也可以使用其他自己喜欢的方式处理。

* 在排料图中，需要对折面料时，将面料正面与正面对折。另外，排料图上有左右翻转的纸样时，请将纸样翻过来放置。

* 在制作方法说明图中，面料的正面用白色、背面用灰色表示。

纸样记号说明

———— 完成线（净缝线）

---------- 缝份线

— — 中心线：左右对称的纸样有时只出现半边。在裁剪时，请以这条线为中心，左右对称地拷贝纸样。

◄———► 丝缕线：将箭头方向与面料丝缕（纵向）对齐。

连裁记号：在排料图上标有这个记号的一侧，需将面料对折后裁剪。

纸样对位记号：大的纸样可能会被分为两部分，请把这个记号连接起来再拷贝纸样。

—— 对位记号：这是将部件之间对齐或缝合在一起时，作为参考标记的记号。

o—— 止缝记号：缝到这个位置为止。

褶裥记号：在需要折叠面料的地方标记这个记号，将面料向斜线高的方向折叠。

小熊

纸样 P.41、P.82
身高约 40cm

材料

· 平纹中厚面料 40cm×78cm
 本作品使用面料为 LIBECO *Napoli*
· 填充棉 79g
· 黑色纽扣（直径15mm）1颗
· 30号手缝线（与面料同色）
· 25号刺绣线（黑色）

排料图

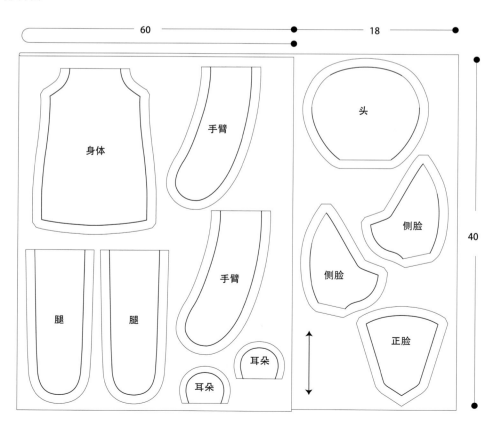

1 裁剪出带有缝份的部件。

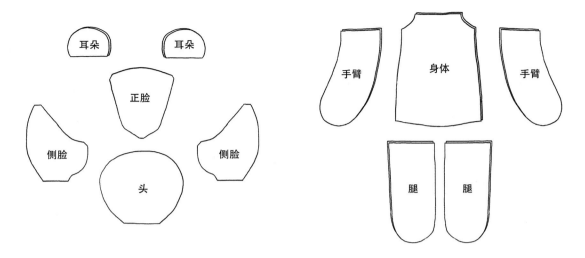

2 分别将身体、手腕、脚和耳朵等部件的正面相对,缝合,留下翻折口不要缝合。将缝份修剪至0.5cm左右。

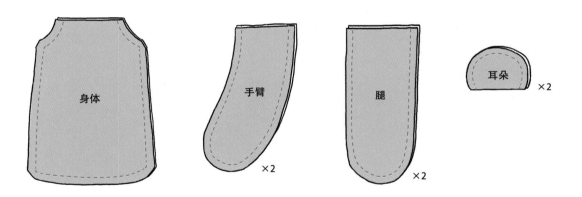

3 将正脸和侧脸的正面对合,从A点到B点缝合。以同样的方法将另一片侧脸与正脸缝合。接下来,从B点到C点缝合。将缝份修剪至0.5cm左右。

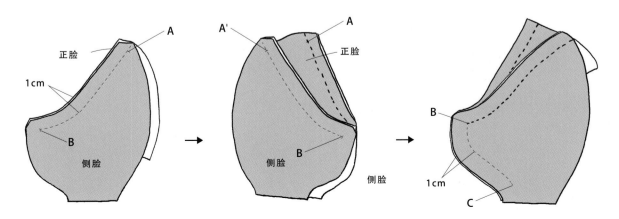

4 将脸和头正面对合，缝合除了耳朵夹口和翻折口之外的部分。

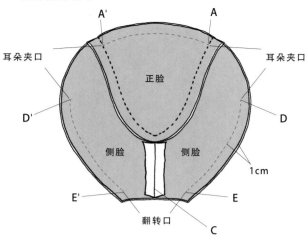

A'　　　　　A

耳朵夹口　　　　　　　　　　耳朵夹口

正脸

D'　　　　　　　　　　　　　D

侧脸　　侧脸

1cm

E'　　　　　　　　　　　E

翻转口　　　　C

5 将耳朵翻过来并整理好，然后将耳朵插进耳朵夹口。沿着头部净缝线缝合，将缝份修剪至 0.5cm 左右。

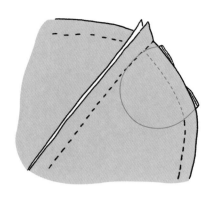

6 将各个部分正面翻出来，除头部以外的翻折口均向内折叠 1cm，然后塞入填充棉。调整部件的形状，将头部和身体填充均匀。

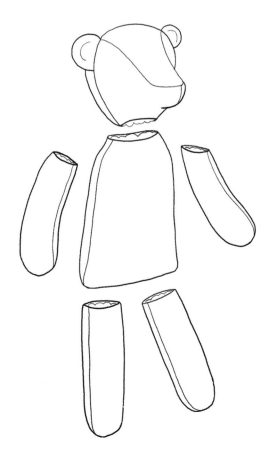

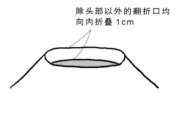

除头部以外的翻折口均向内折叠 1cm

< 填充棉用量参考 >

部位	小熊	小狗
头	25g	28g
身体	30g	
手臂	左右各 5g	
腿	左右各 7g	

7 用 4 根 25 号刺绣线绣出眼睛和嘴巴，在脸部凸起处缝一颗纽扣作为鼻子。

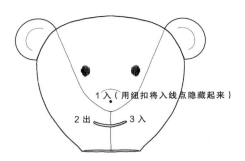

1 入（用纽扣将入线点隐藏起来）

2 出　3 入

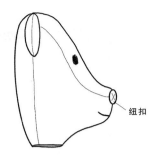

纽扣

< 嘴巴的绣法 >

将线的末端打结，从 1 处插入针，从 2 处取出，从 3 处插入，
再从 1 处取出，打一个结，然后剪断线。

< 眼睛的绣法 >

参考 P.40。

8 用缲缝的针法将头、手臂和腿连接到身体上。

〈头〉

将头部与身体拼合并检查角度，然后用珠针临时固定几个位置并缝
合。拆下珠针，用缲缝的针法将头和身体加固得更加精细和紧密。

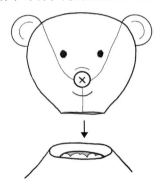

缲缝

〈腿和手臂〉

用珠针暂时固定几个位置并缝合。拆下珠针，用缲缝的针法将头和身
体加固得更加精细和紧密。

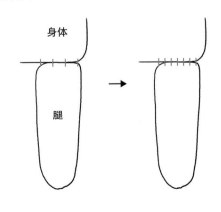

身体

腿

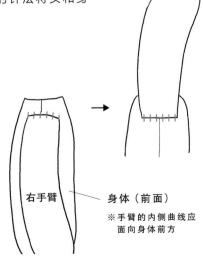

右手臂　身体（前面）

※手臂的内侧曲线应
面向身体前方

小狗

纸样 P.41、P.83、P.84
身高约 40cm

材料

· 平纹中厚面料 50cm × 70cm
  本作品使用面料为 LIBECO *Torino*
· 填充棉 82g
· 黑色纽扣（直径 15mm）1 颗
· 30 号手缝线（与面料同色）
· 25 号刺绣线（黑色）

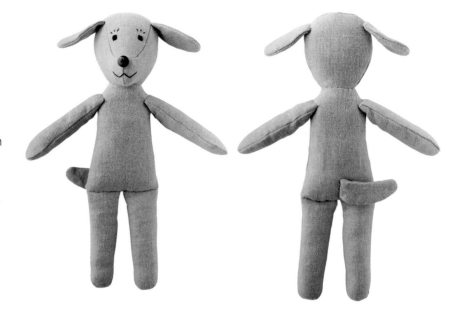

排料图

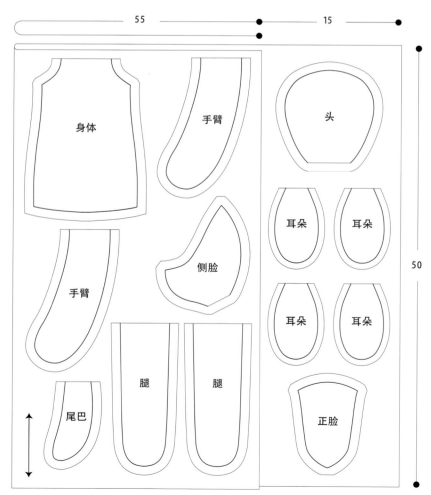

1 ～ **3** 和小熊的做法相同（参考 P.35）。

4 将脸和头的正面对正面缝合，留下翻折口。

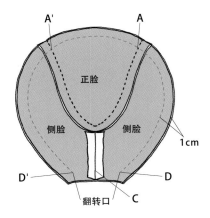

5 用与制作小熊的步骤 **6**（P.36）相同的方式将头、身体、手臂和腿填入棉花。

6 将耳朵正面翻出，边缘向内折叠 1cm，用缲缝的针法将翻折口缝合。

7 将耳朵装在头部的左右两侧。

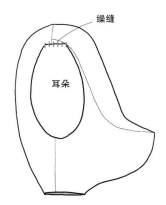

用珠针将耳朵固定在头部并假缝几针。拆下珠针，用缲缝针法将其加固得更加精细和紧密。将耳朵翻起来，在耳朵内侧同样用缲缝针法固定。

9 用与制作小熊的步骤 **8**（P.37）相同的方式，分别缝合头、腿和手臂，并将尾巴缲缝在屁股上。

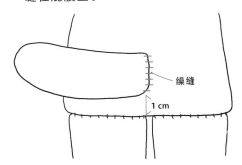

将尾巴与身体中心对齐，用珠针固定并假缝几针。然后拆下珠针，用缲缝针法将其加固得更加精细和紧密。之后将尾巴倒向另一边，同样用缲缝针法固定一遍。

8 用 4 根 25 号刺绣线绣出眼睛和嘴巴，在脸部凸起处缝上纽扣作为鼻子。

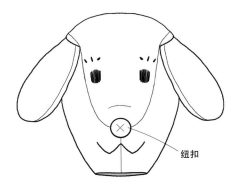

< 嘴巴的绣法 >

在线尾打一个结，从 1 处（被鼻子纽扣隐藏的位置）入针，按数字 2 到 9 的顺序进出，最后再从 1 点出针，打一个结，并把线剪断。

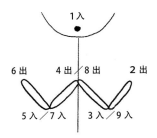

< 眼睛的绣法 >

参考 P.40。

眼睛的刺绣方法

全部使用 4 根 25 号的黑色刺绣线完成。

〈 基本款眼睛 〉

小熊

小狗

❶ 在脸上自己喜欢的位置画上眼睛的轮廓。

小熊　　　　　　　小狗

❷ 将针从 1 处穿入，并从 2 处取出。稍微留出一些线头。

❸ 将针再次从 1 处穿入，从 3 处取出，剪断线头。

剪断这根线

❹ 将针从 4 处穿入，并再次从 3 处取出，作出中心线后，用左右交替的缎纹刺绣（长针绣）针法绣出眼睛的形状。多绣几次，让其显得更加饱满。

❺ 小熊：刺绣完成后，将针从针迹下方穿过 1~2 次后将线剪断。

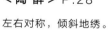

小狗：绣完眼睛，继续绣睫毛。刺绣完成后，将针从眼睛针迹下方穿过 1~2 次后将线剪断。

6入　4入　2入
5出　3出　1出

〈 小熊各种各样的表情 〉

< 睡梦中 > P.04

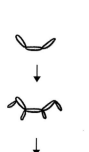

< 陶 醉 > P.28

左右对称，倾斜地绣。

右眼

< 明亮的眼睛 > P.21

按照 ❶ ~ ❹ 的步骤刺绣完眼睛的基本形状，然后按照步骤 ❺ 的方式绣出睫毛。

< 向上看的眼睛 > P.02

绣好眼睛基本形后，用 4 根 25 号白色刺绣线在底部缝一针作出眼白。

眼白

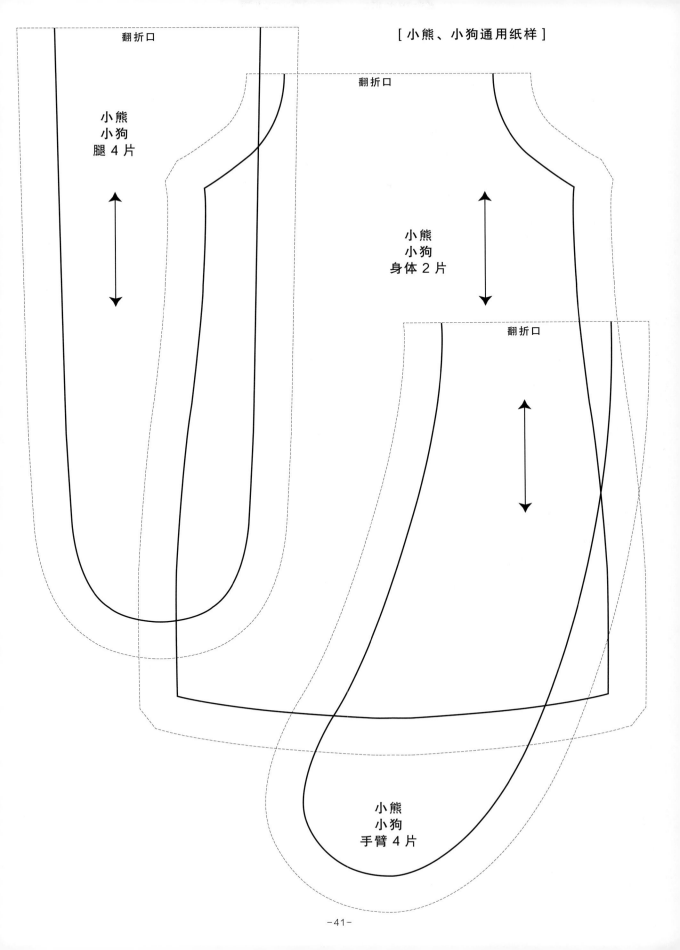

[小熊、小狗通用纸样]

翻折口

翻折口

翻折口

小熊
小狗
腿 4 片

小熊
小狗
身体 2 片

小熊
小狗
手臂 4 片

小鸟

纸样 P.84
全长（从头到尾巴）约10cm

材料

· 不透的薄面料
  a 身体用量 10cm×28cm
  b 腹部用量 9cm×9cm
  c 翅膀外侧用量 10cm×14cm
  d 翅膀内侧用量 10cm×14cm
· 填充棉 10g
· 珠子（3mm）2颗
· 30号手缝线
· 25号刺绣线

* 只需要少量材料就可以制作小鸟，因此
  请根据自己的喜好搭配碎布和珠子

排料图

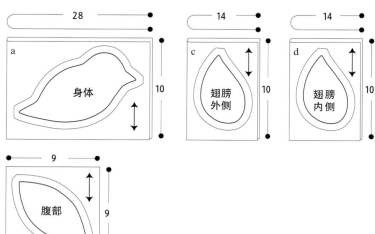

① 用一根25号刺绣线在身体两侧绣出自己喜欢的眼睛形状。

< 明亮的眼睛 >

1. 在眼睛的位置做好记号。
2. 将线的一端打个结，从1中取出，按照数字2~6的顺序绣出睫毛。
3. 在1附近取出针，用针穿过珠子，固定好眼睛的位置，在背面打结并将线剪断。

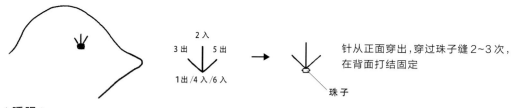

< 睡眼 >

1. 画一个5mm的草图，在线的末端打好结，在草图上按照1~2的顺序穿好刺绣线。
2. 按照数字3~12的顺序绣好睫毛。
3. 在背面打结并将线剪断。

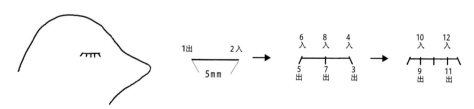

2 将两片身体正面相对，用珠针固定，缝合除腹部拼接位置以外的部分。

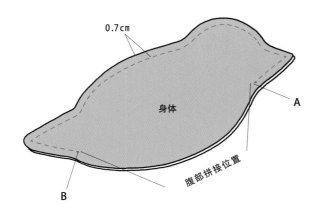

0.7cm

身体

A

腹部拼接位置

B

3 打开拼接腹部的位置，将腹部正面与身体正面相对，用珠针固定，留下翻折口，缝合其他部分。

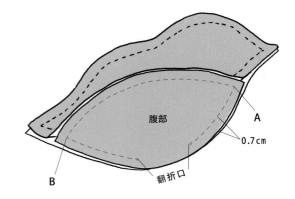

腹部

A

0.7cm

B

翻折口

4 从翻折口将身体正面翻过来并整理好形状，塞入填充棉，缝合翻折口。为了能让小鸟更好地坐立，腹部靠近尾巴处的棉花要塞得更紧实一些。

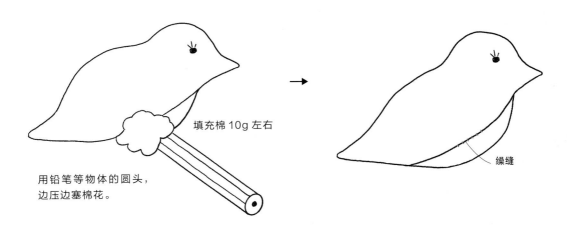

填充棉 10g 左右

用铅笔等物体的圆头，边压边塞棉花。

缲缝

5 制作两片翅膀，分别用缲缝针法缝在身体的两侧。

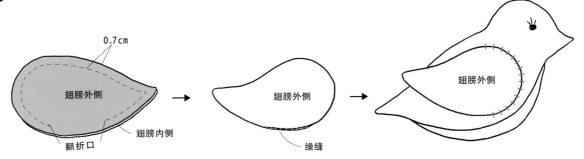

0.7cm

翅膀外侧

翻折口

翅膀内侧

翅膀外侧

缲缝

翅膀外侧

将翅膀外侧和内侧的正面相对，缝合除翻折口以外的部份。

从翻折口将正面翻过来并整理好形状，缝合翻折口。

用缲缝针法将翅膀固定在身体左右两侧。

正面

背面

上衣

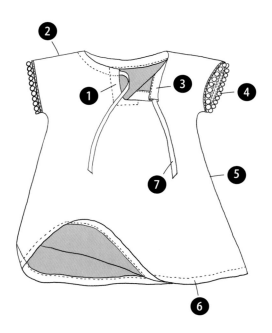

01 睡衣

故事 P.04、P.05
纸样在外封面背面

材料

· 薄面料 34cm×64cm，21cm×59cm

本作品使用面料为 the linen bird *Old Lace White*

· 10mm 宽的花边 65cm

· 6mm 宽的丝带 50cm

· 3.2mm 宽的松紧带 22cm

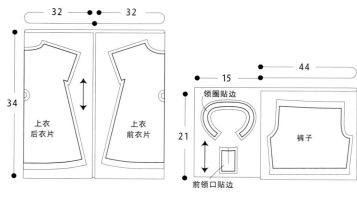

上衣

❶ **制作前衣片开口**

将前领口贴边与前衣片开口部分领口正面对合，距离开口 0.3cm 缝一圈（图示红线位置）。沿着开口剪开衣片。将贴边翻到衣片内侧，将贴边缝份向内折 0.5cm，沿着边缘与衣片缝合固定（图示沿着外围 0.2cm 固定一圈）。

❷ **缝合肩膀**

将前后衣片的左右肩缝各自正面相对缝合。肩部缝份两层对合一起拷边，缝份倒向后衣片。

❸ **领圈的处理**

将领圈贴边前端沿缝份折 0.7cm，与衣片领圈正面相对缝合。在缝份上打剪口，将贴边翻到衣片内侧。将贴边的下端向内折叠 0.5cm，沿着边缘与衣片缝合固定。

❹ **袖口的处理**

袖口用拷边机拷边，向内折 0.7cm。将蕾丝花边铺在正面，缝在袖口上。

❺ **缝合侧缝**

衣片内侧朝外，从袖子底部开始缝合整个侧缝。在腋下部位打一个剪口。用拷边机将侧缝两片一起拷边，缝份倒向后衣片。

❻ **下摆的处理**

下摆采用三折缝处理。

❼ **领圈穿入丝带**

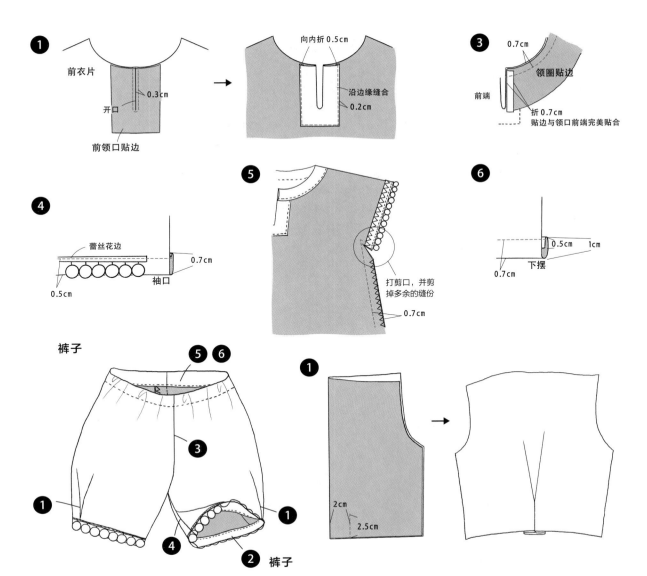

裤子

1 缝合侧面褶裥

左右裤片垂直正面对折，按照图中红线位置所示，靠折线的边缘缝一个褶裥。用熨斗将褶裥熨烫好。

2 下摆的处理

下摆三折边（按照图上所示的宽度），将蕾丝花边铺在正面，缝合固定。

3 缝合裆部

将左右裤片正面相对，分别缝合前后裆部。用拷边机将两片缝份一起拷边，缝份倒向一侧。

4 缝合下裆

将下裆正面相对缝合。用拷边机将两边缝份一起拷边，缝份倒向后片。

5 裤腰的处理

腰头三折边（按照图上所示的宽度），松紧带入口留1.5cm宽，在腰部缝一圈固定。

6 裤腰穿入松紧带

穿入松紧带，松紧带在末端重合并缝合固定。将松紧带入口用明线缝合，关闭开口。

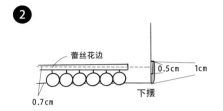

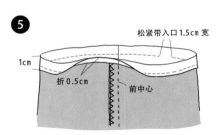

正面

背面

02 碎花连衣裙

故事 P.06

纸样 P.90、P.91（荷叶边除外）

材料

· 薄型印花棉布 35cm×55cm，12cm×45cm

本作品使用面料为 Liberty Fabrics *Emilia's Flowers*

· 3.2mm 宽松紧带 17cm

· 7mm 揿扣（子母扣）1 对

· 10mm 带脚纽扣 1 颗

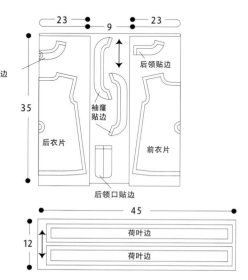

前领贴边

后领贴边

袖窿贴边

后衣片

前衣片

后领口贴边

23   9   23

35

45

荷叶边

荷叶边

12

－ 荷叶边：2.5cm×40cm，四周放 1cm 缝份裁剪，裁 2 片

领贴边   1cm

0.7cm
卷边

后衣片

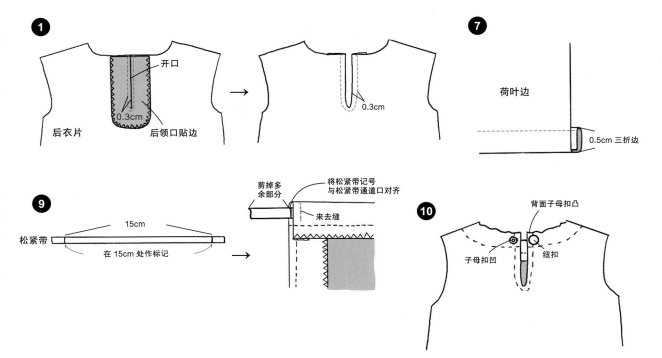

❶ 制作后衣片开口

将后领口贴边外圈拷边。将后衣片与领口贴边正面相对，距离开口 0.3cm 缝一圈（图上红色虚线位置）。沿着开口剪开，将贴边翻到后衣身的背面，在正面围绕开口 0.3cm 的位置缝一圈明线进行固定。

❷ 缝肩膀

将前后衣片的左右肩缝各自正面相对缝合。将肩部缝份两层对合一起拷边并倒向后衣身。

❸ 领口的处理

将前后领贴边的外圈拷边。将前、后领贴边的肩线处正面相对缝合，缝份向左右分开。在后衣片开口处将贴边向内折 0.7cm，将领口与领贴边正面相对缝合。在弧线的缝份处打剪口（为了翻开后布面平整），然后将贴边翻到衣身背面。在距领口 1cm 处缝一圈明线固定。

❹ 袖窿的处理

将袖窿贴边的外圈拷边。将贴边与衣身的袖窿正面相对缝合。在缝份上打剪口。

❺ 缝合侧缝

将前后衣片侧缝的缝份拷边，前后衣片侧缝与袖窿贴边正面相对缝合，缝份左右分开。将袖窿挂面翻到衣身背面，为了防止缝份浮起来，可手缝固定肩膀与侧缝缝份重叠的部分。

❻ 缝合荷叶边和侧缝

将荷叶边侧缝（短边）的缝份拷边，两片正面相对左右侧缝合。熨烫缝份，使其向两边分开。

❼ 下摆的处理

将荷叶边下端的缝份做 0.5cm 宽的三折缝。

❽ 荷叶边抽褶与衣身缝合

在荷叶边上端的缝份处使用大针迹缝入两条缝纫线，拉动缝纫线，将荷叶边的褶裥抽缩至与衣身下摆相同的尺寸。将衣身与荷叶边正面相对缝合。将衣身与荷叶边的缝份两层一起拷边，缝份倒向衣身。

❾ 在领口内穿入松紧带

在松紧带两端距离为 15cm 处作记号。把松紧带穿入领口，将松紧带记号与左右开口处对合后用来去缝固定，剪掉松紧带多余的部分。

❿ 装上揿扣与带脚纽扣

正面

背面

03 羊毛大衣

故事 P.08、P.09
纸样 P.88、P.89

材料

· [面料] 厚羊毛面料 40cm × 70cm
· [里料] 薄面料 36cm × 72cm

本作品使用面料为 the linen bird 安哥拉羊毛、Libeco *Malta*

· 7mm 揿扣（子母扣）2 对
· 11mm 纽扣 5 颗
· 用作装饰明线的手缝线为刺绣线

面料

70

口袋面

腰带（1片）

前衣片

40

后衣片

领面（1片）

里料

72

口袋里

前衣片

36

后衣片

领里（1片）

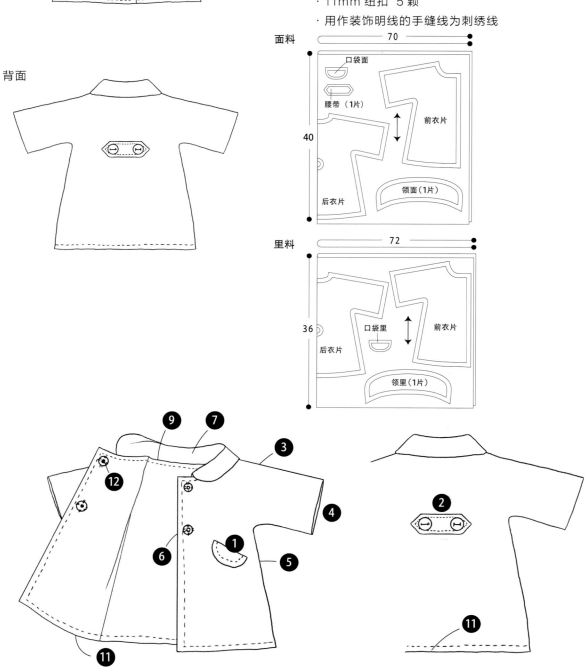

❶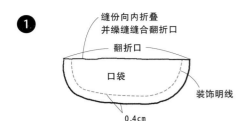

缝份向内折叠
并缲缝缝合翻折口

翻折口

口袋

装饰明线

0.4cm

❷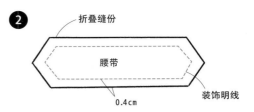

折叠缝份

腰带

0.4cm

装饰明线

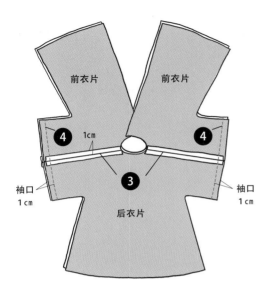

前衣片　前衣片

❹ 1cm　**❹**

❸

袖口
1cm

后衣片

袖口
1cm

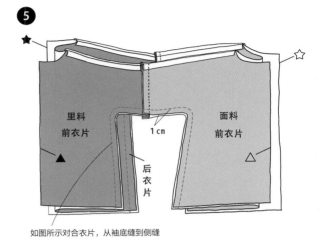

★　☆

里料
前衣片

▲

1cm

后衣片

面料
前衣片

△

如图所示对合衣片，从袖底缝到侧缝

在腋下打上剪口

❻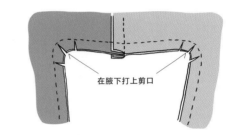

☆

面料
前衣片

★

1cm

❺的状态下
从袖口处翻折

将面料和里料门襟（☆和★）
的正面相对缝合
以同样的方式缝合另一侧

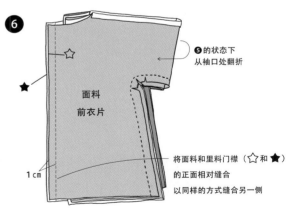

门襟　☆

△

★

侧缝

▲

将☆和★缝合，用同样的方式将另一侧的 △ 和 ▲ 也缝合起来
＊边缝合边避开后衣片和另一侧的前衣片

❶ 安装装饰口袋

将口袋面、里料正面相对，缝合除了翻折口以外的部位。
将缝份修剪至 0.3~0.5cm。从翻折口将口袋翻到正面，
用熨斗整烫好。将翻折口的缝份向内折叠，并用缲缝缝合
翻折口。手缝口袋装饰明线，并将其固定在前衣片口袋处。

❷ 安装腰带

缝份向内侧折叠，并手缝装饰明线固定缝份。在后衣片安
装腰带的位置，将腰带和纽扣一起缝合固定。

❸ 缝肩部

将面料的前后衣片正面相对，各自缝合左右肩缝。缝合后
将缝份分开倒向两边。用同样的方式缝合里料的前后衣片
肩部。

❹ 缝袖口

将面料衣身和里料衣身正面相对，缝合袖口缝份，缝份倒
向里料衣身一侧。

❺ 缝袖底至侧缝的拼缝

将面料和里料各自的袖底至侧缝部位正面相对缝合，并在
腋下打剪口。

❻ 缝门襟

将面料和里料右前衣片的门襟正面相对缝合，再以同样的
方式缝合左前衣片的门襟。

＊由于袖子是相连的，所以缝制起来会比较困难。应小心地边避开边
　缝纫。

7

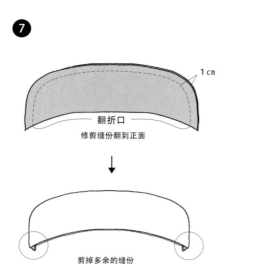

1 cm

翻折口

修剪缝份翻到正面

↓

剪掉多余的缝份

8

里料后衣片

面料
后衣片

重新翻折衣身，使面料和里料的后衣片朝向外侧

9

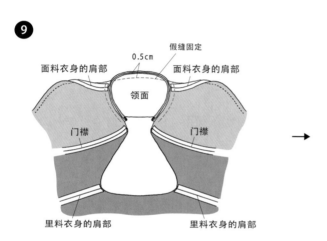

0.5cm 假缝固定

面料衣身的肩部

面料衣身的肩部

领面

门襟

门襟

里料衣身的肩部

里料衣身的肩部

→

将领子夹在面料衣身
和里料衣身间缝合

领圈

1cm

门襟

门襟

肩

肩

---

7 制作领子

将领子面料和里料正面相对，缝合除翻折口以外的部分。将缝份修剪至 0.3cm~0.5cm。从翻折口将领子翻到正面，并用熨斗整烫好。

8 重新翻折衣身

重新翻折衣身，使面料和里料的后衣片朝向外侧。

9 安装领子

将领子与面料衣身正面的领圈后中处对合，假缝固定领圈。将里料衣身的领圈部位正面与领面对合后缝合固定。在领圈的缝份上打好剪口。

10 翻到正面

将缝份分开熨烫，缝份倒向两边，将衣服整体翻到正面，并用熨斗整烫好。

11 下摆的处理

将面料和里料的衣身下摆向内折叠1cm后缝起来。从下摆开始一直到门襟和领圈缝一圈明线。

*从侧缝等不显眼的地方开始缝制。

12 安装揿扣和纽扣

11

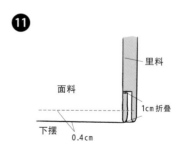

里料

面料

1cm 折叠

下摆

0.4cm

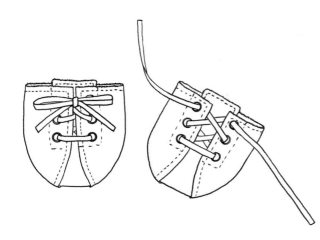

04 帆布鞋

故事 P.14、P.15
纸样 P.84

材料

· 帆布面料 8cm×46cm
  本作品使用面料为 the linen bird Cotton Canvas
· 3mm×4mm 气眼（鞋眼）12 对
· 3mm 宽扁绳 60cm

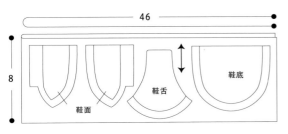

1 鞋面的缝份向内侧折叠后缝明线固定。

2 在鞋面打孔并安装气眼。

3 在鞋舌上缝明线。如果面料易磨损，则需要缝两根线。

4 将鞋面放置在鞋舌上，并在脚尖处假缝固定。

5 将鞋底与 **4** 中的部件正面相对缝合。

6 将缝份修剪至 0.4cm 后翻到正面。

7 在鞋面和鞋底上口处缝明线，如果面料容易磨损，则需要缝两根线。

8 将鞋带穿入气眼。

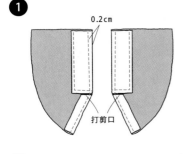

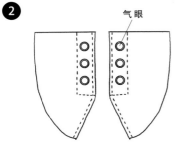

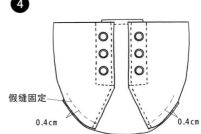

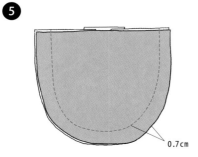

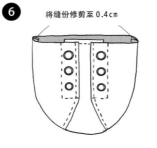

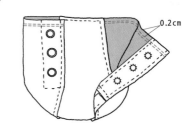

正面

背面

05 牛仔裤

故事 P.14、P.15
纸样 P.86、P.87（腰带和腰襻除外）

材料
· 牛仔面料 30cm×75cm
  本作品使用面料为 Libeco *Linen Denim*
· 7mm 揿扣（子母扣）2 组

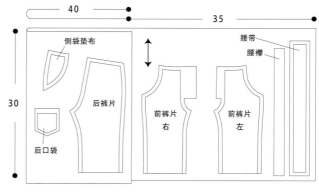

｜←———— 40 ————→｜　　　　　｜←———— 35 ————→｜

侧袋垫布

腰带
腰襻

后裤片

前裤片
右

前裤片
左

30

后口袋

- 腰带纸样：2.4cm×25cm，四周放 0.7cm 的缝份，裁 1 片
- 腰襻纸样：2cm×25cm，裁 1 片

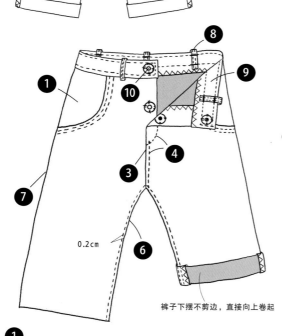

0.2cm

0.2cm

裤子下摆不剪边，直接向上卷起

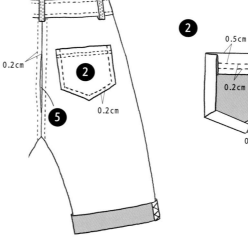

0.2cm

0.2cm

0.2cm

❷

0.5cm　　1cm 折叠

0.5cm

0.2cm

0.5cm 折叠

❶

在缝份上
打剪口

前裤片　　→　　沿着完成线折叠　　→　　侧袋垫布

拷边

0.2cm
0.2cm

将前裤片与侧袋垫布
的完成线重叠，缝两
条明线

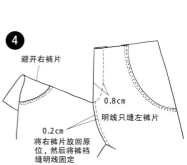

❹

避开右裤片

0.8cm

明线只缝左裤片

0.2cm

将右裤片放回原
位，然后将裤裆
缝明线固定

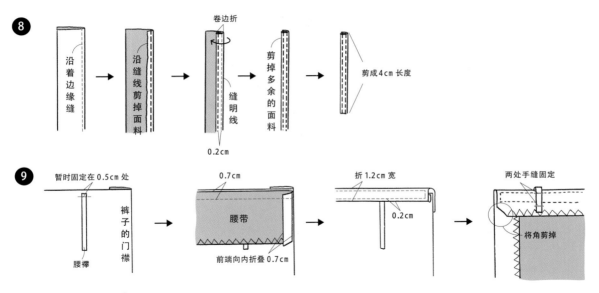

8

沿着边缘缝 → 沿缝线剪掉面料 → 卷边折 / 缝明线 / 0.2cm → 剪掉多余的面料 → 剪成4cm长度

9

暂时固定在0.5cm处 / 裤子的门襟 / 腰襻 → 0.7cm / 腰带 / 前端向内折叠0.7cm → 折1.2cm宽 / 0.2cm → 两处手缝固定 / 将角剪掉

❶ 制作前口袋

在前裤片袋口的缝份上打剪口，将缝份向内折。将侧袋垫布的口袋侧边用拷边机拷边。将前裤片放在侧袋垫布的净缝线上，缝两根明线固定。

❷ 安装后口袋

口袋袋口处折叠后缝两条明线。折叠其余的缝份，将其缝合固定在后裤片装口袋的位置上。

❸ 缝合前裤裆

将左右前裤片的裤裆正面相对，从缝止点缝到下侧。缝份向左前裤片倒。

❹ 前门襟开口的处理

门襟用拷边机拷边。右裤片和左裤片的贴边各自向内折1.5cm，将左裤片与右裤片贴边重叠1.5cm，并用熨斗压平。避开右裤片，在左裤片的门襟上缝明线。将右裤片放回原位置，从缝止点到前裤裆下侧缝明线固定缝份。

❺ 缝合后裤裆

将左右后裤片裤裆的缝份用拷边机拷边，左右后裤片后裤裆正面相对缝合，留一个尾巴口不缝（如果做给小熊穿，就不用留这个开口）。分开缝份，在正面缝明线固定缝份。

❻ 缝合下裆

将前后裤片的正面相对缝合下裆。两片缝份一起用拷边机拷边，缝份向前裤片倒，在正面缝明线固定缝份。

❼ 缝合侧缝

将前后裤片的侧缝用拷边机拷边，正面相对缝合侧缝，将缝份用熨斗分烫开。

❽ 准备腰襻

将面料沿外侧纵向对折，沿着折叠线边缘缝线。紧贴缝线边缘修剪掉一侧的面料。沿着修剪的一侧将面料卷边折，在距离缝线0.2cm左右的位置再缝一条明线。剪掉多余的面料，将制作完成的扁绳修剪成5根4cm长的腰襻。

❾ 安装腰带和腰襻

将腰襻暂时固定在裤子安装腰襻的位置上。腰带的前门襟一侧缝份向内折叠0.7cm。将腰带一侧长边用拷边机拷边，将另一侧与裤腰头正面相对缝合。将腰带正面向上翻折成1.2cm宽，并在正面缝两条明线固定。将腰襻的一端折到内侧，在腰带内侧手缝固定腰襻。

❿ 安装前门襟开口处的揿扣

正面

背面

06 彼得潘领连衣裙

故事 P.18
纸样 P.91、P.92（不包括裙子）

材料
· 中等厚度条纹面料 30cm×68cm
  本作品使用面料为 Libeco *St.Gabriel*
· 薄黑色面料 10cm×32cm
· 7mm 揿扣（子母扣）3 对
· 7mm 纽扣 1 颗

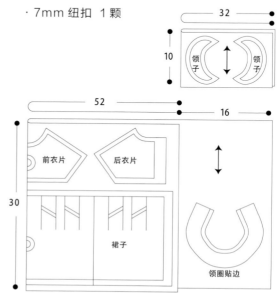

32

10   领子   领子

52

16

30   前衣片   后衣片

裙子

领圈贴边

- 裙子纸样：15cm×47cm，上下缝份 1cm，左右缝份
各 1.5cm，裁 1 片

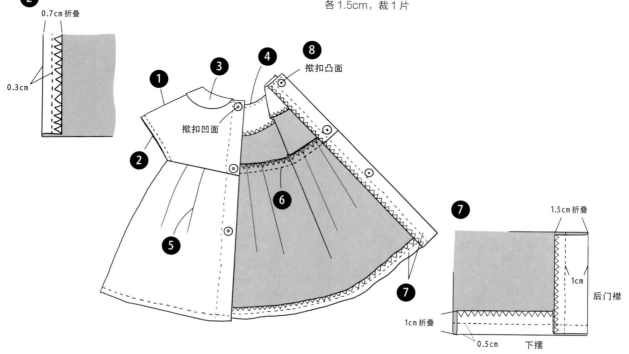

4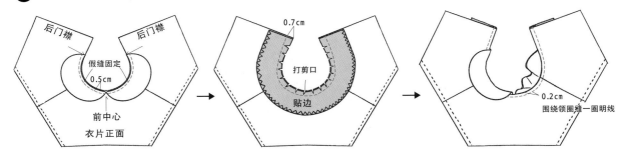

5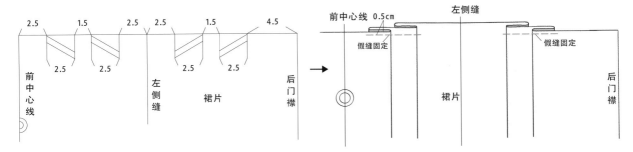

1 缝合肩部

将前、后衣片肩部的缝份用拷边机拷边。肩部正面相对缝合，分烫缝份，使其倒向两边。

2 袖口的处理

袖口的缝份用拷边机拷边后两折边缝合固定。

3 制作领子

两片领子正面相对，缝合除翻折口以外的部分，将缝份修剪至 0.3cm，从翻折口将领子翻到正面，用熨斗整烫好。制作两片左右对称的领子。

4 安装领子

将领子假缝固定在衣片领圈正面（如图所示，领子两端分别对齐领圈前、后中心），将领贴边的外圈缝份用拷边机拷边。领贴边与衣身领圈正面相对缝合，并在缝份上打好剪口，将领贴边翻到衣片里侧并用熨斗整烫好。避开领子，围绕领圈缝一圈明线。

5 缝合裙片的褶裥

如图所示，在裙片的上端做好标记，从前中心线左右对称依次折叠好褶裥，并临时假缝固定。

6 将裙片安装在衣片上

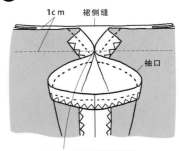

将衣片和裙片正面相对缝合（如图所示先将前、后衣片的腋下部分对合，再与裙片对应位置相配）。将两层缝份一起用拷边机拷边，缝份向衣片倒。

7 后门襟和下摆的处理

将后门襟和下摆的缝份用拷边机拷边。下摆两折边缝合固定后，后门襟同样两折边缝合固定。

8 安装揿扣和纽扣

在后门襟上安装揿扣，在前衣片领圈中心安装装饰纽扣。

正面

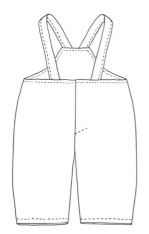

背面

07 背带裤

故事 P.19

纸样 P.94、P.95

材料

· 中等厚度面料 40cm×54cm

本作品使用面料为薄灯芯绒

· 7mm 揿扣（子母扣）1组

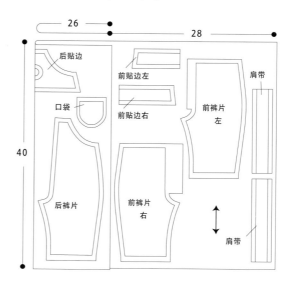

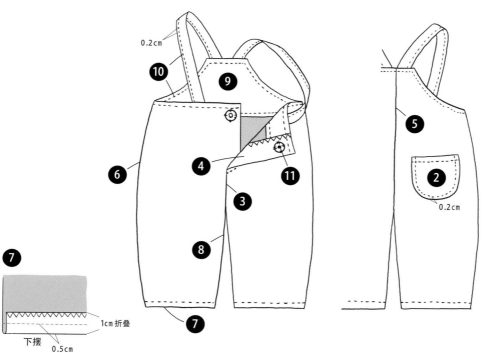

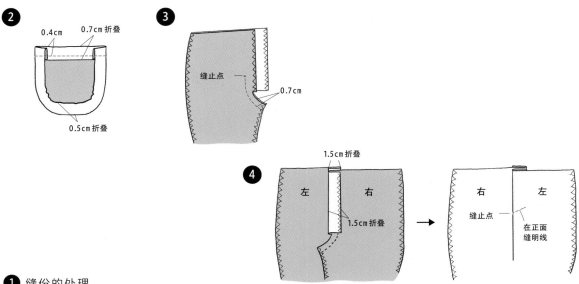

❶ 缝份的处理

将除了前、后裤片上开口边和前裤片裤裆处以外的其他缝份用拷边机拷边。

❷ 安装口袋

将口袋袋口两折边后缝合固定，折叠缝份，用熨斗将口袋形状整理好后缝合固定在后裤片安装口袋的位置上。

❸ 缝合前裤裆

将左、右前裤片的裆部正面相对，从缝止点缝到下端，缝份向左裤片倒。

❹ 前门襟开口的处理

右裤片和左裤片的贴边各自向内折 1.5cm，将左裤片与右裤片贴边重叠 1.5cm 并用熨斗压平。从缝止点开始在正面缝明线固定（如图所示）。

❺ 缝合后中

将左、右后裤片的正面相对，缝合裤片后中，缝份分开倒向两边。

❻ 缝合侧缝

将前、后裤片的侧缝正面相对缝合。缝份分开倒向两边。

❼ 下摆的处理

将下摆两折边后缝合固定。

❽ 缝合下档

将前、后裤片的下档正面相对缝合。缝份分开倒向两边。

❾ 制作贴边

将前、后贴边的侧面正面相对缝合。缝份分开倒向两边。贴边的下侧缝份用拷边机拷边后，两折边缝合固定。

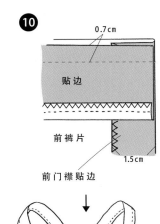

❿ 安装肩带

将肩带四折后缝合。肩带假缝固定在前后裤片安装肩带的位置上。前后裤片与贴边正面相对。将裤片前门襟开口处的贴边翻到正面，再与裤贴边上开口缝合固定（如图所示）。在缝份的曲线部分打好剪口。将贴边翻到内侧，整理好形状后，在正面缝明线固定。

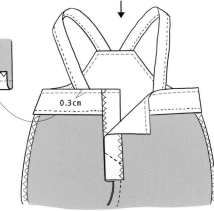

⓫ 在前门襟开口处安装揿扣

正面

背面

08 斜襟连衣裙

故事 P.20
纸样 P.69（不包括绑带和裙子）

材料
· 薄格子面料 35cm×110cm

本作品使用面料为 Liberty Fabrics *Gingham*

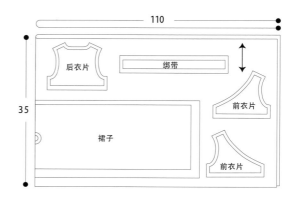

-绑带纸样：4cm×24cm（包含缝份），裁 2 片
-裙子纸样：15cm×70cm，腰上侧缝份 1cm，除此之外的
部位缝份为 2cm，裁 1 片

* 衣片纸样：共 3 片（前衣片 2 片、后衣片 1 片）裁剪两套，一套使用
面料裁，一套使用里料裁

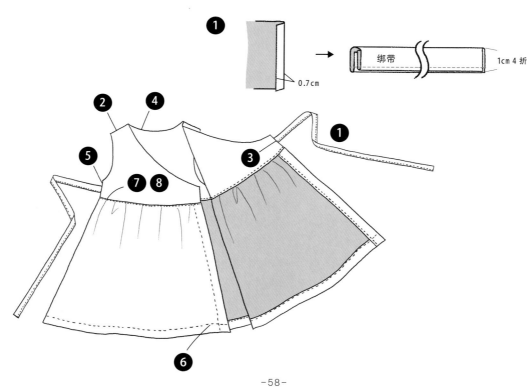

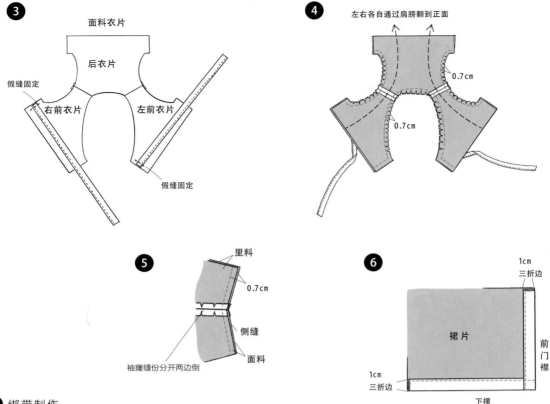

❸

面料衣片

后衣片

假缝固定

右前衣片　左前衣片

假缝固定

❹ 左右各自通过肩膀翻到正面

0.7cm

0.7cm

❺ 里料

0.7cm

侧缝

面料

袖窿缝份分开两边倒

❻ 1cm
三折边

裙片

前门襟

1cm
三折边

下摆

❶ 绑带制作

将绑带两端向内折 0.7cm，然后将其四折后缝合固定。做两根绑带。

❷ 缝合肩部

将面料和里料的前后衣片各自正面相对缝合肩部，分烫缝份倒向两边。

❸ 假缝固定绑带

将绑带假缝固定在面料前衣片绑带的固定点上。

❹ 缝合衣片

将衣片的面料和里料正面相对，缝合领圈和袖窿（将绑带放在一边，避免误缝进去）。在缝份上打剪口，之后将衣片翻到正面。

❺ 缝合侧缝

将面料和里料各自前、后衣片的侧缝重新折叠整理，使其正面相对。依次缝合面料和里料的侧缝，缝份都分开倒向两边。

❻ 制作裙片

将裙片的下摆和前门襟都三折边并缝合固定。

❼ 裙片腰部抽褶后安装在衣片上

在裙片上端的缝份处使用大针迹缝入两条缝纫线，拉动缝纫线使裙片抽缩，直至抽到与衣片腰围尺寸一致。将衣片与裙片正面相对缝合固定，缝份向衣片倒。

❽ 里料衣片腰部的处理

将里料衣片腰部的缝份向内折叠，将里料衣片与面料对合，假缝固定（如图所示）。在正面沿着裙片边缘固定一圈明线后拆掉背面假缝线。

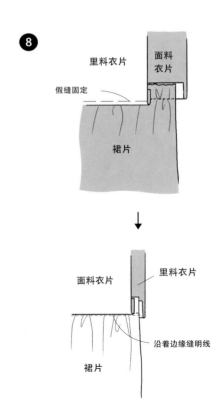

❽

里料衣片

面料衣片

假缝固定

裙片

↓

面料衣片

里料衣片

沿着边缘缝明线

裙片

正面

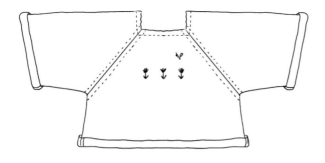

09 刺绣针织衫

故事 P.22、P.23
纸样 P.61、P.92

材料
· 棉质毛圈布 26cm×44cm
· 10mm 纽扣 1 颗
· 25 号刺绣线 各种颜色均少量
· 手缝线 少量

背面

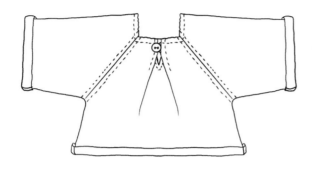

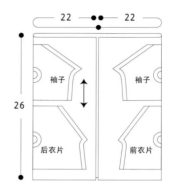

<2 倍大小的刺绣图案>

＊请缩小至 50% 后使用

25 号刺绣线 2 根
蜜蜂翅膀：雏菊绣
其他：直线绣

蜜蜂
黄
灰色
黑

花
红
绿

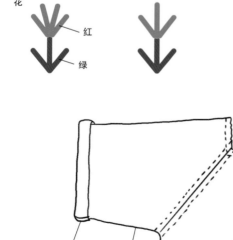

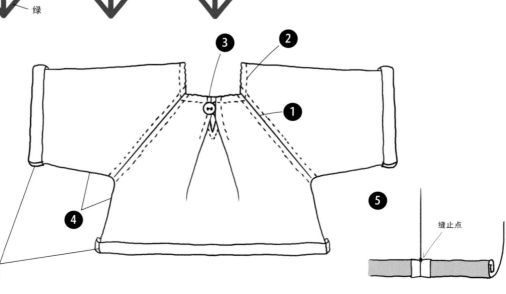

缝止点

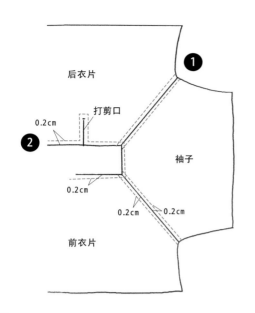

后衣片

打剪口

0.2cm

袖子

0.2cm

0.2cm   0.2cm

前衣片

① 安装袖子

袖子和衣片正面相对,缝合缝份。分开缝份,在表面缝上明线固定缝份。

② 缝领圈

在领圈和后领开口处缝明线,在后领圈开口处打上剪口(剪至开口止点)。

③ 后中开口的处理

折叠后中开口处的褶裥,在褶皱凸起处边缘缝明线固定。缝好纽扣和线襻。

④ 缝合袖底到侧缝

袖底到侧缝正面相对,缝合缝份。将缝份修剪至0.3cm,缝份分开倒向两边。

⑤ 袖口和下摆的处理

稍微拉伸袖口和下摆,然后向外卷边,在袖子底部和侧缝不显眼的地方固定卷边。

⑥ 在前衣片上喜欢的位置加入刺绣

③

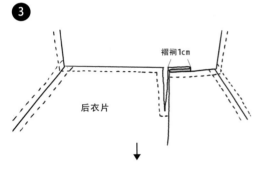

褶裥1cm

后衣片

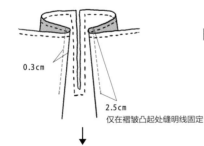

0.3cm

2.5cm

仅在褶皱凸起处缝明线固定

纽扣   线襻

解开纽扣时打开

< 线襻 >

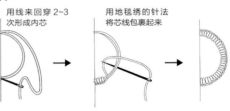

用线来回穿2~3次形成内芯

用地毯绣的针法将芯线包裹起来

[09 刺绣针织衫]

＊ 前衣片、后衣片的纸样:P.92

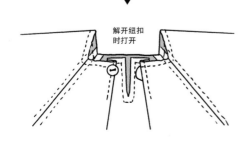

09

袖子 2 片

正面 + 背面

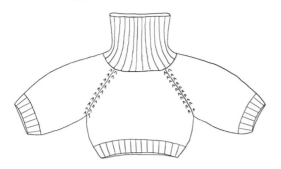

10 高领毛衣

故事 P.21

材料

中等细度的毛线 约50g

本作品使用面料为 Manosdel Uruguay *Alegria* (405m/100g)

织片密度：平针编织 5cm×5cm 为 10.5 针 ×15 行

使用工具：4.5mm (JP7 号) 60cm 以上的环针

"魔法环"的编织方法参考 P.79

用两根线编织。

❶ 袖子

1．单螺纹起 28 针、环形编织，按照编织图所示织到第 21 行后休针、断线。

2．用同样的方法另一片。

❷ 衣片

1．单螺纹起针，织 60 针成环状，在第 30 针和第 60 针的位置加入记号扣 a、b。

2．织到第 16 行后，不断线，休针。

※全部环形编织

[袖]

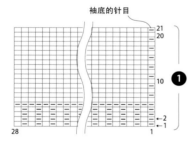

[衣片]

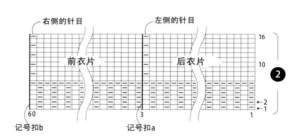

[衣片和袖子的上部分到领子]

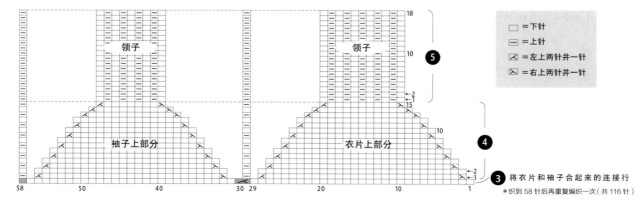

□ =下针

⊟ =上针

☒ =左上两针并一针

☒ =右上两针并一针

❸ 将衣片和袖子合起来的连接行

＊织到 58 针后再重复编织一次 (共 116 针)

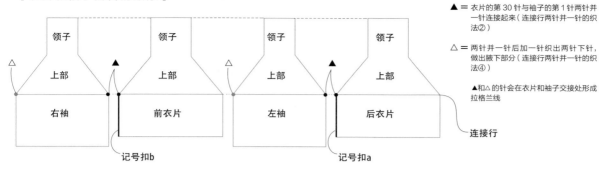

▲ = 衣片的第 30 针与袖子的第 1 针两针并一针连接起来（连接行两针并一针的织法②）

△ = 两针并一针后加一针织出两针下针，做出腋下部分（连接行两针并一针的织法④）

▲和△的针会在衣片和袖子交接处形成拉格兰线

3 编织连接行 [参考"衣片和袖子拼合的顺序"]

1. 编织前的准备：按照后衣片 30 针、左袖 28 针、前衣片 30 针、右袖 28 针的顺序，将所有针目穿到环针上，用连接衣片的线开始环形编织。

2. 第 30 针：当织到后衣片第 29 针后，下一针（左侧缝的针目）和左袖的第 1 针（袖底缝的针目）两针合并织成一针（编织图的 ◄ 部分）（连接行两针并一针的织法①、②）。

3. 编织到左袖的最后一针。

4. 第 58 针：从左袖开始，在两针并一针的针目（记号扣扣住的两针）再度入针做一针加针（编织图的 ▮ 部份）（连接行两针并一针的织法④）。

5. 第 88 针：前衣片继续织 29 针，下一针（右侧缝的针目）和右袖子的第 1 针（袖底缝的针目）两针并一针。

6. 编织到右袖的最后一针。

7. 第 116 针：从右袖开始，在两针合并成一针的针目再度入针做一针加针（形成 116 针）。

4 衣片的上部

接下来的步骤：根据编织图减少针数（连接段两针并一针的针目和加针的针目形成拉格兰线，分别在它的前后减少针数），编织到第 15 行（针目减到 44 针）。

5 高领

用单螺纹编织法织 18 行。单螺纹收针的织法结束领口。织到第 16 行后，不断线，休针。

6 完成

处理好线头，然后将其浸入水中，拧干水后，整理好形状，将其晒干。

[连接行两针并一针的织法]

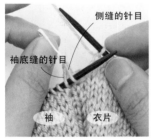

①衣片编织到侧缝针目的前一针，然后将侧缝和袖底的两针挂上记号扣。

②在①挂了记号扣的两针处织两针并一针，然后继续织袖子。

③织到袖子最后的部分。

④在挂了记号扣的两针处织一针下针（增加一针）。

※ ④中编织的两针下针，从上面看的样子。

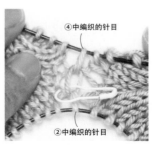

⑤袖子和衣片连接的地方。

正面

背面

11 立领衬衫

故事 P.14、P.15
纸样 P.85、P.86

材料
· 薄条纹衬衫面料 30cm×50cm
  本作品使用面料为 Libeco *Lille Stripe*
· 7mm 揿扣 4 对
· 7mm 纽扣 4 颗

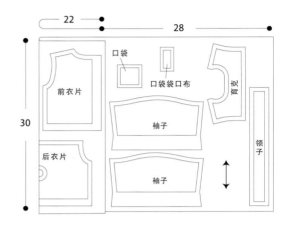

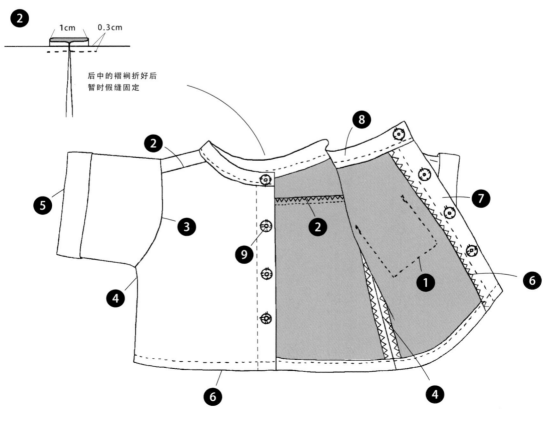

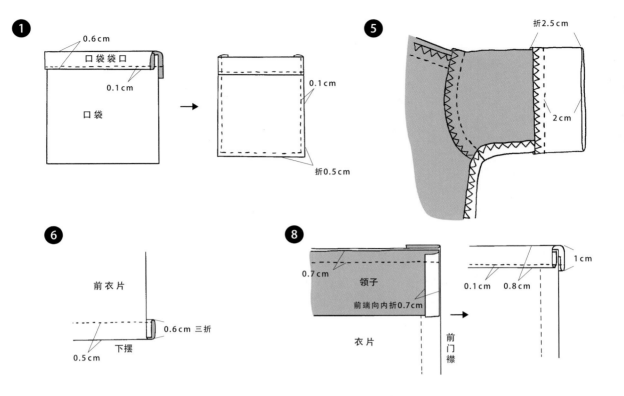

❶ 安装口袋

将口袋和袋口布正面相对缝合。将袋口布翻折 0.6cm，从正面缝明线。折叠口袋的缝份，将其缝合固定在左前衣片安装口袋的位置上。

❷ 安装育克

后中的褶裥折好后暂时假缝固定。将育克和后衣片正面相对缝合。育克和前衣片正面相对，分别缝合左右的肩部。缝份两层一起用拷边机拷边，缝份倒向育克。

❸ 安装袖子

袖子和衣片正面相对缝合。缝份两层一起拷边，缝份倒向衣片。

❹ 从袖底开始缝合侧缝

袖口和从袖底开始的侧缝部位分别用拷边机拷边。将袖下开始的侧缝部位正面相对缝合。缝份分开倒向两侧。

❺ 袖口的处理

袖口的缝份折 2.5cm，在 2cm 的位置缝明线固定。袖口再向正面翻折 1.2cm。

❻ 下摆的处理

前门襟用拷边机拷边，下摆三折边缝合固定。

❼ 门襟的处理

前衣片的贴边向内侧折 1.5cm，在 1cm 的地方缝明线固定。

❽ 安装领子

领子的前端缝份向内折叠，将衣片和领子正面相对缝合固定。将领子翻折 0.8cm，用熨斗整烫好。内侧折叠 1cm，在衣片正面缝明线固定。

❾ 安装揿扣和纽扣

正面

背面

故事 P.19

纸样 P.93、P.94

材料

· 薄印花面料 40cm×55cm

本作品使用面料为 Liberty Fabrics *Phoebe*

· 9mm 宽绑带 50cm

· 揿扣 5 对

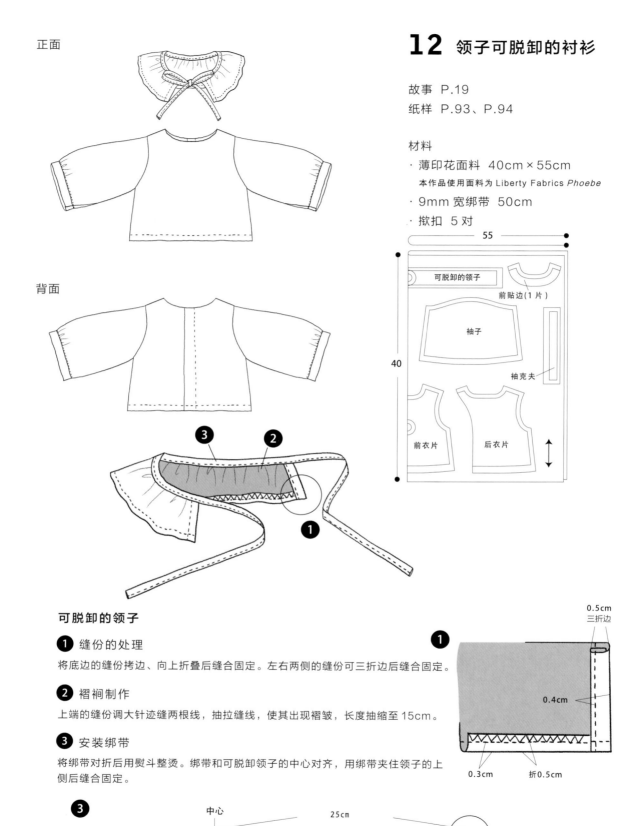

可脱卸的领子

前贴边(1 片)

袖子

袖克夫

前衣片

后衣片

可脱卸的领子

① 缝份的处理

将底边的缝份拷边、向上折叠后缝合固定。左右两侧的缝份可三折边后缝合固定。

② 褶裥制作

上端的缝份调大针迹缝两根线，抽拉缝线，使其出现褶皱，长度抽缩至15cm。

③ 安装绑带

将绑带对折后用熨斗整烫。绑带和可脱卸领子的中心对齐，用绑带夹住领子的上侧后缝合固定。

①

0.5cm
三折边

0.4cm

0.3cm

折0.5cm

③

中心

25cm

7.5cm

对折

绑带

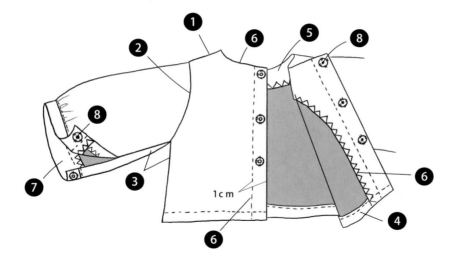

衬衫

❶ 缝肩膀

前、后衣片的肩部正面相对缝合。将两层缝份一起拷边，缝份倒向后衣片。

❷ 安装袖子

袖子和衣片正面相对缝合袖窿。缝份拷边后向衣片倒。

❸ 从袖底开始缝侧缝

从袖底开始衣片侧缝左右各自拷边。正面相对缝合至袖口侧开口止点，将缝份分开向两边倒。

❹ 下摆的处理

下摆三折边后缝合固定。

❺ 缝合贴边的肩部

前贴边和后衣片贴边的肩部正面相对缝合，缝份向两边倒。

❻ 领圈的处理

前贴边和后衣片贴边的边缘拷边。贴边和衣片领圈正面相对缝合。在缝份弧线处打剪口，将贴边翻到衣片内侧，用熨斗整烫好。从后衣片门襟 1cm 处缝明线，将贴边和衣片缝合固定。

❼ 安装袖克夫

将袖克夫向内折叠的一侧（缝份较宽的一侧）的边缘用拷边机拷边。在袖口缝份的褶裥位置以大针迹缝两根线，抽拉缝线使袖口的尺寸抽缩至与袖克夫相同宽度后固定褶裥。袖口和袖克夫正面相对缝合固定，将缝份修剪至 0.5cm。袖克夫的左右两侧向内折叠 0.7cm，袖克夫宽度折至 0.6cm，在正面用落针缝固定。

❽ 安装揿扣

在后衣片和袖口处安装揿扣。

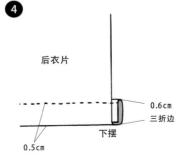

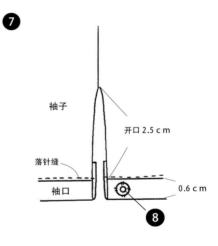

正面 + 背面

13 荷叶边短裙

故事 P.22、P.23

材料

· 薄面料 23cm×48cm

  本作品使用面料为 Libeco *Lipari*

· 4mm 宽的松紧带 22cm

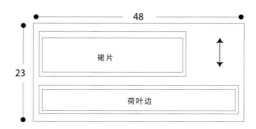

- 裙片纸样：8cm×32cm，上缝份 1.5cm，下缝份 1cm，左右缝份 0.7cm，带缝份裁剪 1 片

- 荷叶边纸样：5cm×44cm，上缝份 1cm，其余三边各 0.7cm，带缝份裁剪 1 片

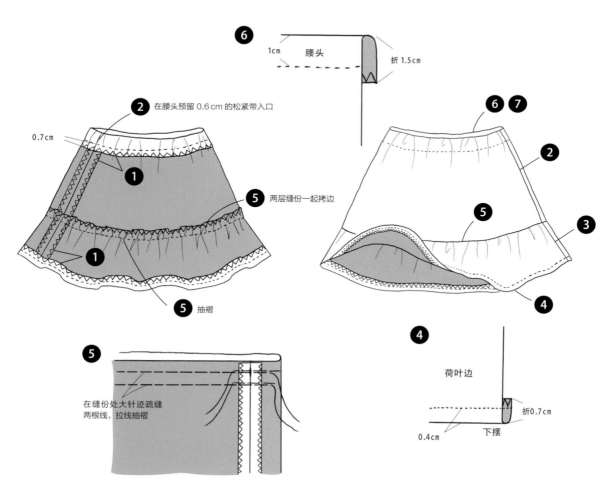

1 缝份的处理

裙片的腰头和侧缝、荷叶边的下摆和侧缝用拷边机拷边。

2 缝合裙片侧缝

将裙片对齐，使侧缝正面相对，在腰头处留出通松紧带的开口，之后缝合。缝份分开倒向两边。

3 缝合荷叶边侧缝

将荷叶边的侧缝正面相对缝合，缝份分开倒向两边。

4 下摆的处理

将荷叶边的下摆向上折后缝合固定。

5 荷叶边抽褶后安装在裙片上

在荷叶边的上端缝份处调大针迹缝两根线，拉线抽褶，确保抽好后的尺寸与裙片尺寸一致。
将裙片和荷叶边正面相对缝合。两层缝份一起拷边，缝份向裙片倒。

6 腰头的处理

将腰头向下折后缝合固定。

7 穿入松紧带

将松紧带穿入腰头，松紧带的两头重叠缝合固定。留出的松紧带口缲缝闭合。

[**08 斜襟连衣裙**] ＊裙片和丝带的裁剪方法见 P.58

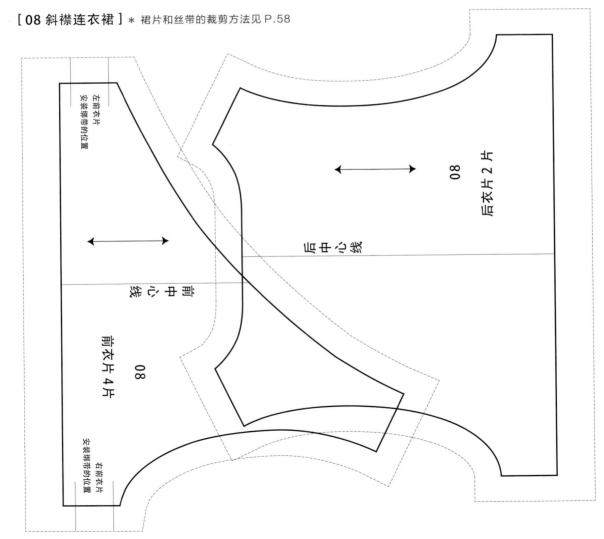

正面

背面

14 工装裤

故事 P.22、P.23
纸样在外封面背面

材料
· 中厚斜纹面料 22cm × 50cm
  本作品使用面料为棉质斜纹布
· 10mm 宽的织带 50cm

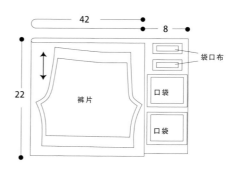

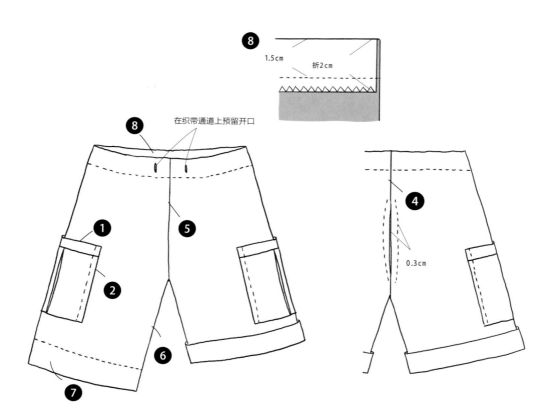

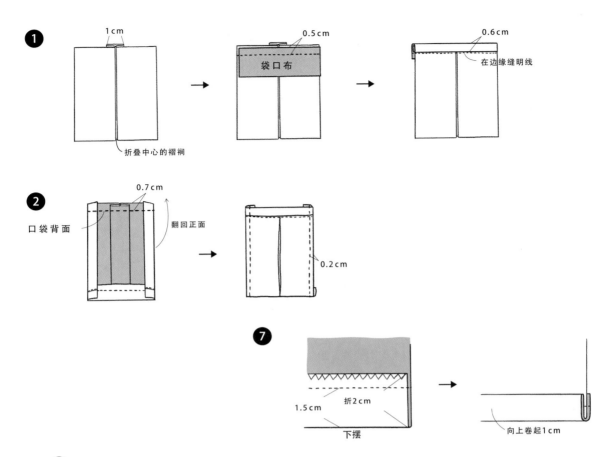

① **制作口袋**

折好口袋的褶裥，用熨斗整烫好。口袋和袋口布正面相对缝合。将袋口布翻折到内侧，缝明线固定。用同样的方法再做一个口袋。

② **安装口袋**

折叠口袋两侧的缝份。将口袋底部净缝线与裤片上安装口袋的底线正面对齐后缝合固定。将口袋向上翻回正面后，将两侧缝合固定在裤片上。

③ **缝份的处理**

将裤片的腰头、后裆、前裆、大腿侧、下摆的缝份用拷边机拷边。

④ **缝合后裆**

在右裤片的后裆正面相对，留出尾巴开口后缝合（如果给小熊穿，则不用留尾巴口，可直接缝合）。缝份分开倒向两边。在尾巴开口处缝一圈明线固定缝份。

⑤ **缝合前裆**

左右裤片的前裆正面相对缝合。缝份分开倒向两边。

⑥ **缝合裤腿**

左右裤片各自的裤腿正面相对缝合。缝份分开倒向两边。

⑦ **下摆的处理**

下摆向上折叠后缝合固定。从正面向上卷起1cm。

⑧ **腰头的处理**

在腰头穿织带处打剪口。将腰头的缝份折叠后缝合固定。

⑨ **在腰头开口处穿入织带**

15 A 字裙

故事 P.21

材料

· 薄面料 20cm×44cm

本作品使用面料为 Libeco *Malta*

· 3.2cm 宽的松紧带 22cm

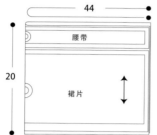

－腰带纸样：2.5cm×42cm，四周缝份 0.7cm，带缝份裁剪 1 片

－裙片纸样：12.5cm×42cm，下摆缝份 1.5cm，其余三边缝份 0.7cm，带缝份裁剪 1 片

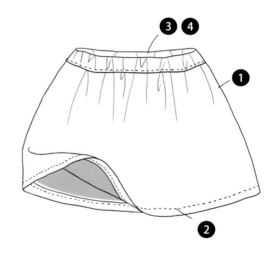

❶ **缝合左侧缝**

裙片正面对折后缝合侧缝。两层缝份一起拷边，缝份倒向后裙片。

❷ **下摆的处理**

下摆三折边后缝合固定。

❸ **缝合腰带**

腰头边（要翻折进内侧的那边）拷边。腰带布正面相对，留下松紧带穿入口后缝合固定，缝份向两边倒。将裙片腰口和腰带正面相对缝合。腰带折 1.2cm 宽，从正面缝明线固定。

❹ **穿入松紧带**

将松紧带穿入腰带，松紧带的两端重叠缝合固定。松紧带穿入口以缲缝针法闭合。

正面

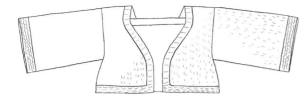

背面

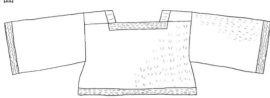

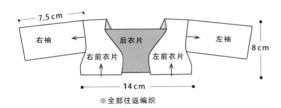

※全部往返编织

16 针织开衫

故事 P.7

材料

中等粗细的毛线 约 20g

本作品使用材料为 Shepley Yarns *MARIOLA MERINO*（230m/50g）

织片密度：平针编织 5cm×5cm 为 15 针 ×22 行

使用工具：2.75mm（JP2 号）棒针

用一根线编织。

❶ 后衣片

手指挂线起 42 针，按照编织图织 30 行后，伏针收针。

❷ 前衣片

1. 右前衣片：手指挂线起 21 针，按照编织图织 39 行，然后将前后衣片的标记对齐，再用下针无缝接合前后衣片（在接合前后衣片时，前衣片不需要收针）。

2. 用同样的方式织好左前衣片。

❸ 袖子

1. 在衣片位置（如图所示）接上线，第一行开始挑针编织。翻转织片，用上针编织，并以两针并一针的方式均匀地减少针数，减至 38 针。

2. 下一行开始不需要减针，均匀地编织 29 行平针。

3. 全下针编织 4 行后伏针收针。

4. 用同样的方式编织另一侧的袖子。

❹ 完成

1. 用挑针缝合衣片侧缝至袖下部分。

2. 处理好线头，在温水中加入少量洗涤剂清洁，冲洗干净后拧干多余水分，整理好形状后晾干。

［后衣片］

与左前衣片对合连接 ★   ☆ 与右前衣片对合连接

从这里连接编织右袖的线

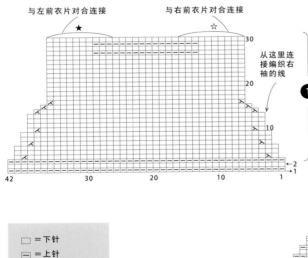

□ = 下针
− = 上针
⊠ = 左上两针并一针
⊠ = 右上两针并一针

［前衣片］

从这里连接编织左袖的线

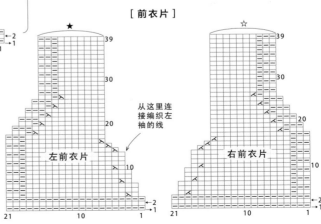

左前衣片   右前衣片

-73-

正面

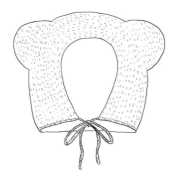

17 针织帽

故事 P.08、P.09

材料
细马海毛线 约80g
本作品使用材料为 Gepard *Kid Seta*（210m/25g）
织片密度：短针钩织 5cm×5cm 为 10 针 ×14 行
使用工具：4.5mm（7.5/0 号）钩针

背面

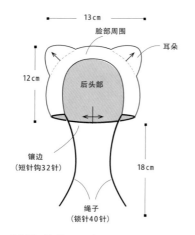

※ 后头部和脸部周围采用往返钩织，耳朵采用环形钩织

除特定部分外，均使用一根线编织。

❶ 后头部

1. 从后头部的下中心开始短针钩织，按照编织图所示加针，往返钩织至第 18 行。
2. 第 19 行：在耳朵位置按图示钩部分锁针，制作耳朵开口的部分。

❷ 脸部周围

1. 第 20~26 行：按图示减针，钩织脸部周围。
2. 第 27 行：反短针收尾，剪掉线头。

❸ 耳朵

从耳朵开口部分开始，在开口针目里短针钩织 22 针，环形钩织 7 行。最后在钩织结束时收紧孔洞，处理好线头。

❹ 绳子和边缘

取两根线一起钩织 40 针锁针，接着拾取主体边缘的针目钩织 32 针短针，再编织 40 针锁针。

❺ 完成

处理好所有的线头。

[⊼ 反短针]

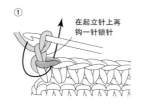

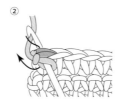

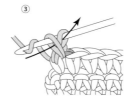

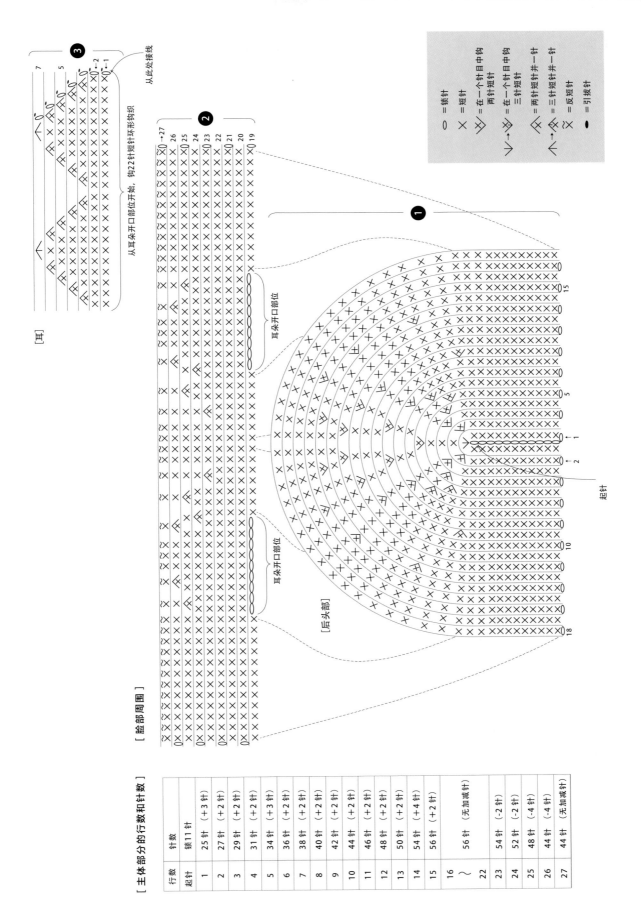

[耳]

③

从此处接线

从耳朵开口部位开始，钩22针短针环形钩织

②

耳朵开口部位

耳朵开口部位

[后头部]

[脸部周围]

起针

①

0	= 锁针	
×	= 短针	
∨	= 在一个针目中钩两针短针	
∨→∨	= 在一个针目中钩三针短针	
∧	= 两针短针并一针	
∧→∧	= 三针短针并一针	
⃥	= 反短针	
●	= 引拔针	

[主体部分的行数和针数]

行数	针数	
起针	锁11针	
1	25针	(+3针)
2	27针	(+2针)
3	29针	(+2针)
4	31针	(+2针)
5	34针	(+3针)
6	36针	(+2针)
7	38针	(+2针)
8	40针	(+2针)
9	42针	(+2针)
10	44针	(+2针)
11	46针	(+2针)
12	48针	(+2针)
13	50针	(+2针)
14	54针	(+4针)
15	56针	(+2针)
16 ～ 22	56针	(无加减针)
23	54针	(-2针)
24	52针	(-2针)
25	48针	(-4针)
26	44针	(-4针)
27	44针	(无加减针)

18 篮子包

故事 P.08、P.09

材料

细绳 约10g

本作品使用材料为 0.5mm 宽的亚麻绳

织片密度：短针钩织 5cm×5cm 为 10 针 ×13 行

使用工具：3.5mm（6/0 号）钩针

用一根线编织。

❶ 底部

起针锁针5针、用短针往返编9行。

❷ 侧面

1. 第1行：拾取底部针目环形钩织，其中短边钩4针，长边钩8针。

2. 第2~9行：第2行和第5行按照钩织图所示进行加针。

3. 第10行：按照编织图进行提手的锁针钩织，完成后剪断线，处理好线头。

※ 底部往返钩织，侧面环形钩织

- ○ = 锁针
- ✕ = 短针
- ✕✕ = 在一个针目中钩两针短针
- ● = 引拔针

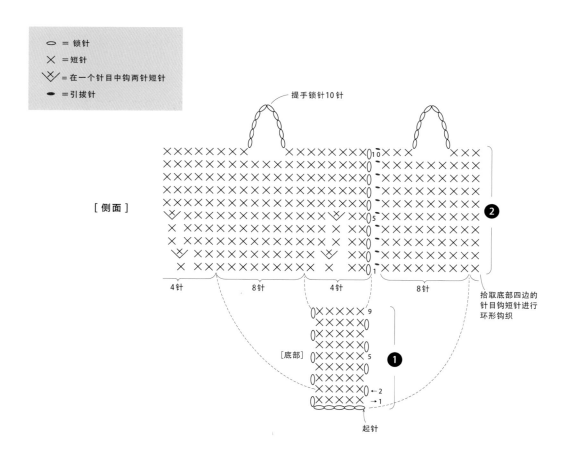

提手锁针10针

[侧面]

4针　8针　4针　8针

拾取底部四边的针目钩短针进行环形钩织

[底部]

起针

19 卷檐帽

故事 P.14~15

材料
细绳 约25g
本作品使用材料为0.5 mm宽的亚麻绳
织片密度：短针钩织 5cm×5cm 为10针 ×13行
使用工具：6/0号（3.5mm）钩针

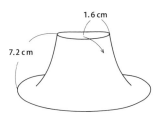

1.6 cm
7.2 cm

※ 全部环形钩织

用一根线编织。

① 顶部

1. 起针锁针6针，按照编织图所示加针，用短针编织到第3行（共24针）。
2. 第4行无加减针，用外钩短针的针法钩织。

② 侧面到帽檐

＊这里需要翻转织片，之后看着顶部背面，以无缝螺旋形的方式进行钩织。在每一行开始处放置一个记号扣，这样更容易钩织。

1. 第5行：按照编织图所示加针，用短针钩织（共28针）。
2. 第6~21行：继续按照编织图所示编织（21行 共72针）。
3. 第22行（最终行）：全部用引拔针钩织。最后将线拉出，将顶部背面作为正面，处理好线头。

[主体部分的行数和针数]

	行数	针数
顶部	起针	锁针6针
	1	16针 （＋4针）
	2	20针 （＋4针）
	3	24针 （＋4目）
	4	24针 （无加减针）
侧面	5	28针 （＋4针）
	6	32针 （＋4针）
	7	32针 （无加减针）
	8	34针 （＋2针）
	9	34针 （无加减针）
	10	36针 （＋2针）
	11	36针 （无加减针）
	12	40针 （＋4针）
	13	40针 （无加减针）
	14	44针 （＋4针）
	15	44针 （无加减针）
	16	48针 （＋4针）
	17	52针 （＋4针）
	18	56针 （＋4针）
帽檐	19	64针 （＋8针）
	20	68针 （＋4针）
	21	72针 （＋4针）
	22	72针 （无加减针）

[侧面到帽檐]

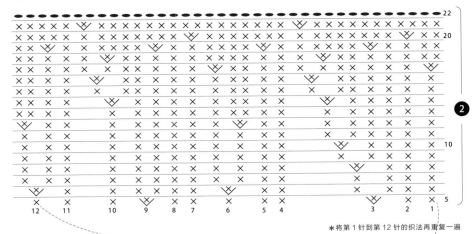

＊将第1针到第12针的织法再重复一遍

[顶部]

起针

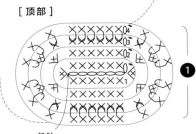

[外钩短针]

在上一行的针目中按照箭头方向所示插入钩针，挂线后抽出，钩一针短针。

= 锁针
= 短针
= 在一个针目中钩两短针
= 外钩短针
= 引拔针

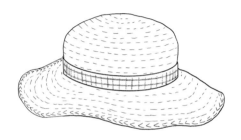

20 宽檐草帽

故事 P.20

材料

· 拉菲草或竹纤维一类的线 约25g

本作品使用材料为 DARUMA *SASAWASHI FLAT*

· 薄面料 约32cm×4cm

本作品使用面料与斜襟连衣裙（P.58）相同

织片密度：加密短针钩织 5cm×5cm 为 8 针 ×11 行

使用工具：3.5mm（6/0 号）钩针

用一根线编织。

❶ 顶部

从中心环形起 6 针，第 1 行钩短针。第 2~8 行按照钩织图所示加针，钩加密短针。

❷ 侧面

第 9~18 行：继续按图钩织，无加减针。

❸ 侧面

1. 第 19 行：用条纹短针钩织 1 行（共 48 针）。

2. 第 20 行开始：按照钩织图所示加针编至第 27 行，在最后一个加密短针针眼中做引拔针，然后将线剪断，处理好线头。

❹ 侧面

将尺寸为 32cm×4cm 的薄面料按照图上所示折叠起来，缝合侧边做成缎带状并环绕帽子一周，在侧面缝合固定。

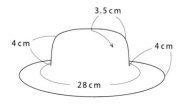

※ 全部环形钩织

[主体部分的行数和针数]

	行数	针数
顶部	1	短针环起针6针
	2	12 针 （+6 针）
	3	18 针 （+6 针）
	4	24 针 （+6 针）
	5	30 针 （+6 针）
	6	36 针 （+6 针）
	7	40 针 （+4 针）
	8	44 针 （+4 针）
侧面	9 ～ 18	44 针 （无加减针）
帽檐	19	48 针 （+4 针）
	20	56 针 （+8 针）
	21	64 针 （+8 针）
	22	72 针 （+8 针）
	23	80 针 （+8 针）
	24	88 针 （+8 针）
	25	96 针 （+8 针）
	26	104 针 （+8 针）
	27	104 针 （无加减针）

符号说明：

⬭ =锁针

⊗ =短针

✕ =加密短针

ⵦ =在一个针目中钩两针加密短针

⤬ =条纹短针

ⵦ =在一个针目中钩两针条纹短针

▬ =引拔针

[帽檐]

[侧面]　无加减针 ❷

重复4次

[顶部]

起针

❶

在最后一个加密短针中钩引拔针，然后将线剪断 ❸

[✕ 加密短针]

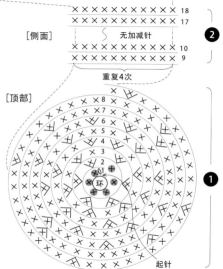

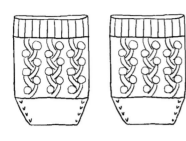

21 针织袜子

故事 P.21

材料

中等细度的毛线 少量

本作品使用材料为 Manos del Uruguay *Alegria*（405m/100g）

织片密度：平针编织 5cm×5cm 为 16 针×22 行

使用工具：2.75mm（JP2 号）5 根棒针或环针

用环针编织则使用"魔法环"的编织方法

用一根线编织。

1. 手指挂线起 32 针，环形编织。
2. 根据编织图所示编至第 26 行，将最后一行的 16 针分成两边后用下针接合。
3. 用相同的方法编织另外一只袜子。
4. 处理好线头，然后将其浸入水中，一定时间后取出，拧干水后，整理好形状，将其晒干。

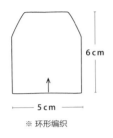

6cm

5cm

※ 环形编织

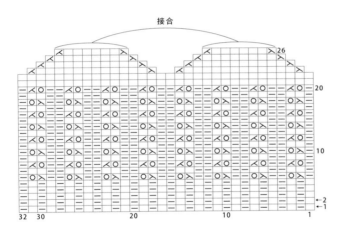

接合

	= 下针
	= 上针
	= 左上两针并一针
	= 右上两针并一针
	= 挂针

[魔法环]

魔法环编织可以将环针长线多余部分从编织的针目中抽出并放在一边。用这种方式，一根环针可以编织出各种尺寸的筒状织物。推荐使用长线尺寸 80cm 以上的环针。

抽出多余的长线、卷曲放在一边

保留的长线

保留的长线

将针目平均分成两份

① 从针目之间拉出多余的长线。为防止两个针目的间距变大，需要卷曲长线。

② 编织到拉出的长线前面的针目。编织结束的时候，一定要保留右侧的长线（以便后续使用）。

③ 将左侧多余的长线拉到右侧，然后将右针向左侧拉出，在拉线的过程中也要注意保留右侧的长线。

④ 换边编织，织剩下的一半针目。

正面 + 背面

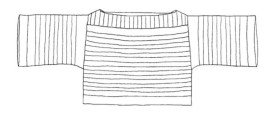

22 条纹毛衣

故事 P.22、P.23

材料

中等细度的棉线，A 色约 25g、B 色约 15g

本作品使用材料为 DMC *Natura Just Cotton* (155m/50g)

织片密度：平针编织 5cm×5cm 为 13 针 ×18 行

使用工具：3mm (JP3 号) 棒针

用一根线编织。

❶ 衣片

手指挂线起 37 针，按照编织图所示编至 42 行后收尾。

❷ 袖子

1. 按照示意图"衣片重叠的方法"将前后衣片重叠，将线接在衣片编织图所示位置，第一行拾取针目编织。
2. 下一行（袖子编织图的第一行）进行减针，减至 38 针，按照编织图所示编至 31 行后收尾。
3. 用同样的方法编织另一侧的袖子。

❸ 完成

1. 衣片侧缝至袖下进行挑针缝合。
2. 处理好线头，然后将其浸入水中，一定时间后取出，拧干水后，整理好形状，将其晒干。

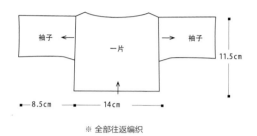

袖子 ←   一片   → 袖子

11.5cm

←8.5cm→ ←14cm→

※ 全部往返编织

[**衣片**]

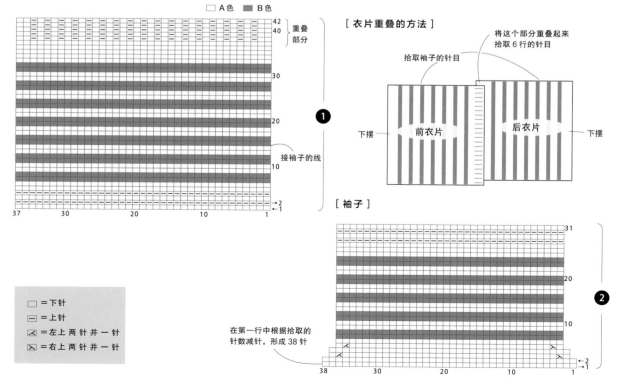

□=A色　■=B色

□ =下针
⊟ =上针
☒ =左上两针并一针
☒ =右上两针并一针

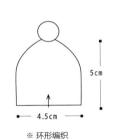

23 披肩和小鸟的毛球帽

故事 P.28、P.29

材料

细马海毛线 约10g

本作品使用材料为 Gepard *Kid Seta*（210m/25g）

织片密度：平针编织 5cm×5cm 为15针×20行

使用工具：2.75mm（JP2号）5根棒针、

　　　　　2.5mm（4/0号）钩针

披肩

用一根线编织。

1. 手指挂线起针5针。

2. 按照编织图所示编至第51行（共101针）（编织图的粗框部分需要编织两次）。

3. 披肩边缘用钩针按照"引拔针一针、锁针一针"来回重复直至最后一针。

4. 处理好线头，然后将其浸入水中。捞出拧干水后，整理好形状，将其晒干。

帽子

用一根线编织。

1. 手指挂线起针32针，环形编织。

2. 单螺纹编织7行，接着平针编织6行。

3. 下一行：重复右上两针并一针、下针两针至最后。

　 下一行：重复右上两针并一针、下针一针至最后。

　 下一行：重复右上两针并一针至最后。

4. 在针上留下8个针目，将线穿入两圈后收紧。制作直径为2cm的毛球，并将其固定在顶部，处理好线头。

15cm

31cm

※ 往返编织

5cm

4.5cm

※ 环形编织

□ ＝下针

◎ ＝挂针

╱ ＝左上两针并一针

╲ ＝右上两针并一针

⊹ ＝中上三针并一针

[披肩]

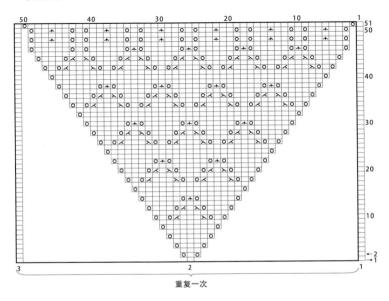

重复一次

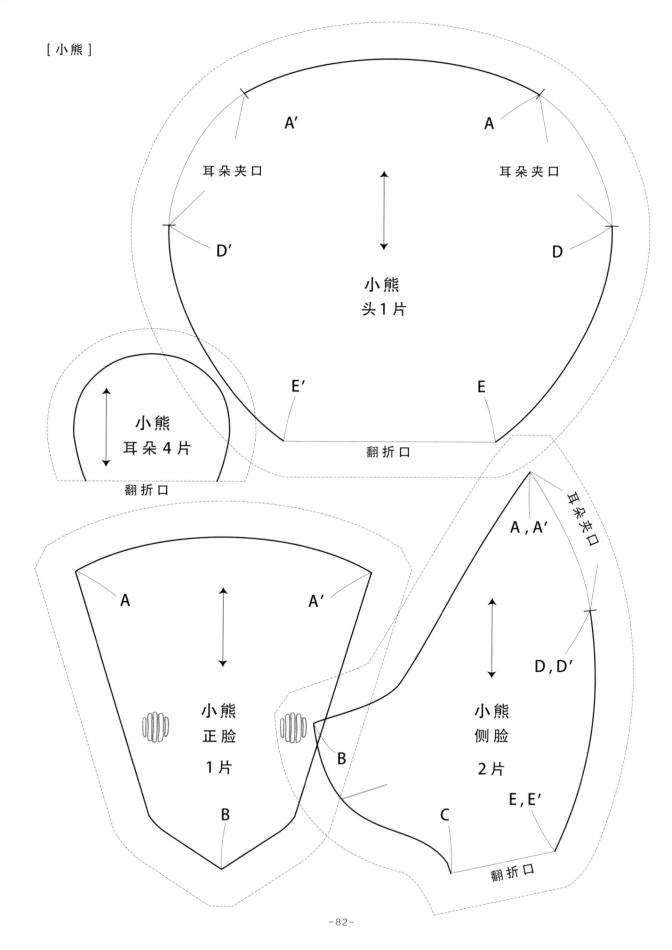

[小熊]

A′

A

耳朵夹口

耳朵夹口

D′

D

小熊
头 1 片

E′

E

翻折口

小熊
耳朵 4 片

翻折口

A

A′

耳朵夹口

A , A′

D , D′

小熊
正脸
1 片

小熊
侧脸
2 片

B

C

E , E′

B

翻折口

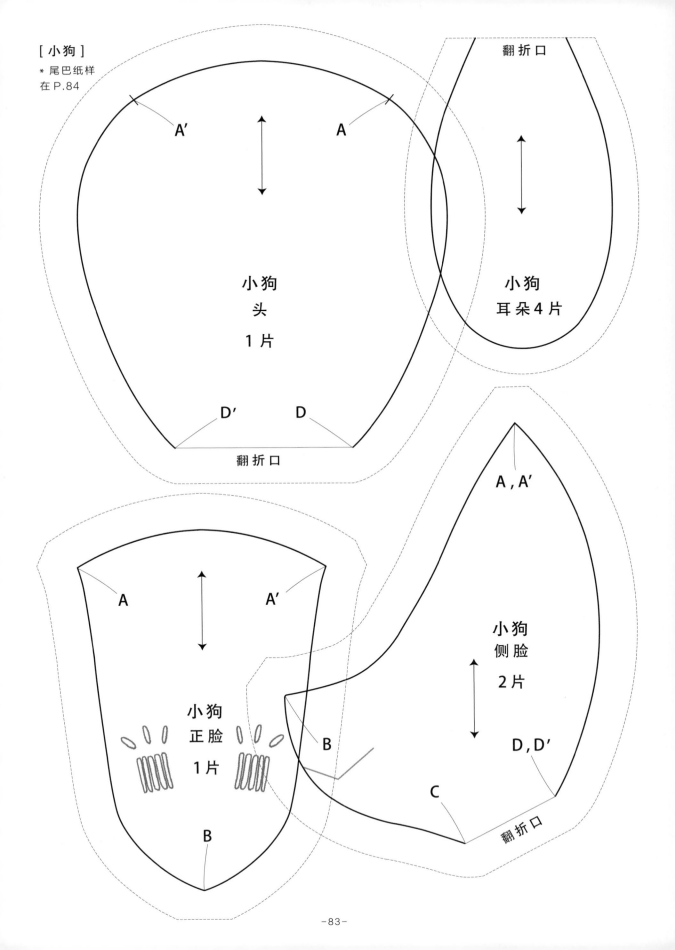

[小狗]

* 尾巴纸样
在 P.84

翻折口

小狗
头
1 片

A′　　　A

D′　　D

翻折口

小狗
耳朵 4 片

A , A′

A　　　A′

小狗
正脸
1 片

小狗
侧脸
2 片

B

B

C

D , D′

翻折口

[小狗]

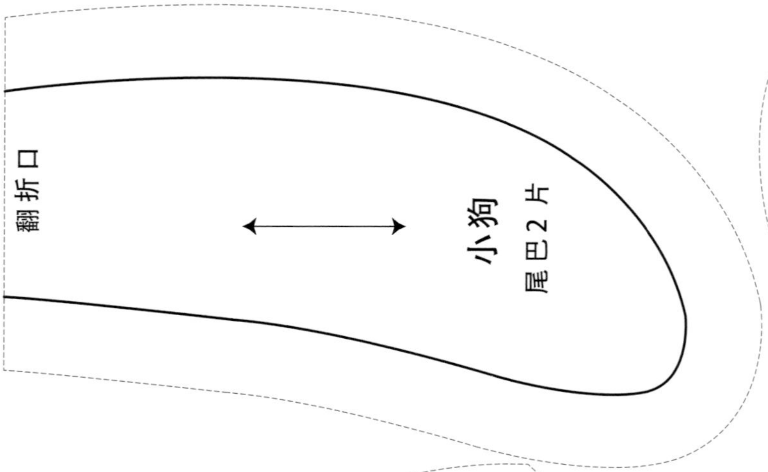

翻折口

小狗
尾巴2片

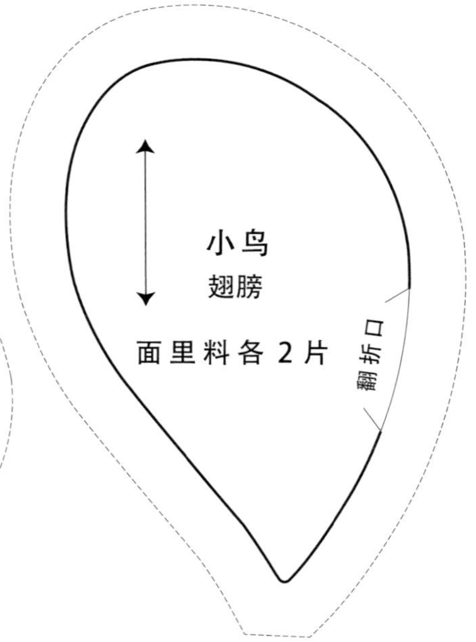

小鸟
翅膀

面里料各2片

翻折口

[小鸟]

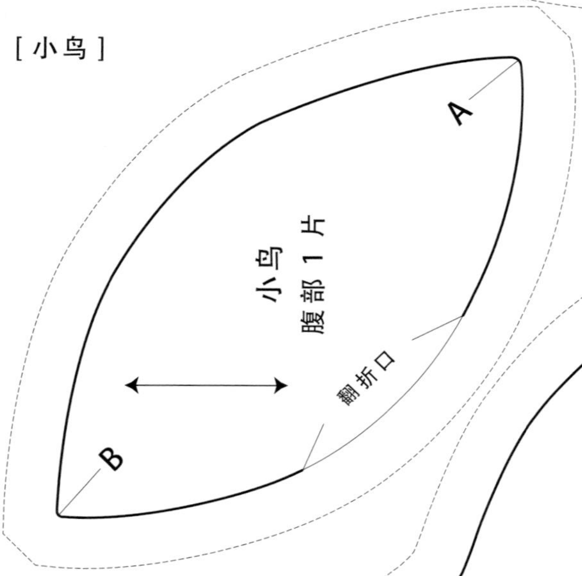

A

小鸟
腹部 1 片

翻折口

B

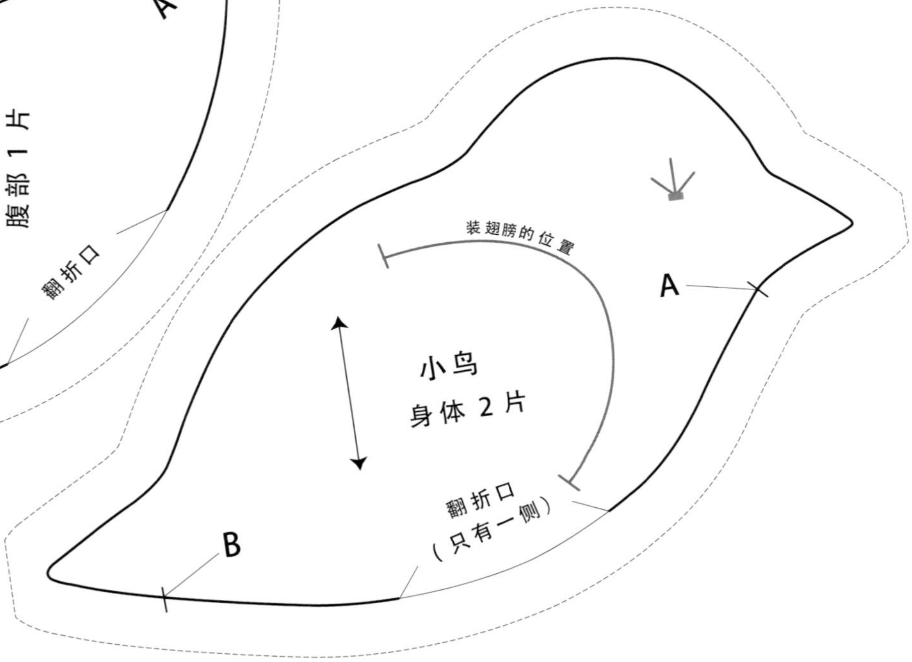

装翅膀的位置

A

小鸟
身体 2 片

翻折口
（只有一侧）

B

[04 帆布鞋]

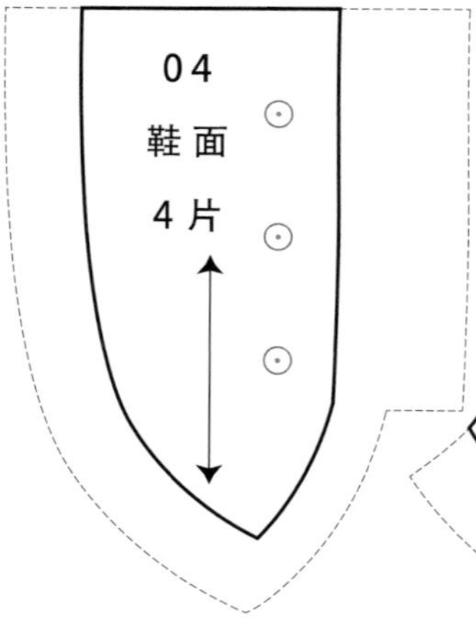

04
鞋面
4片

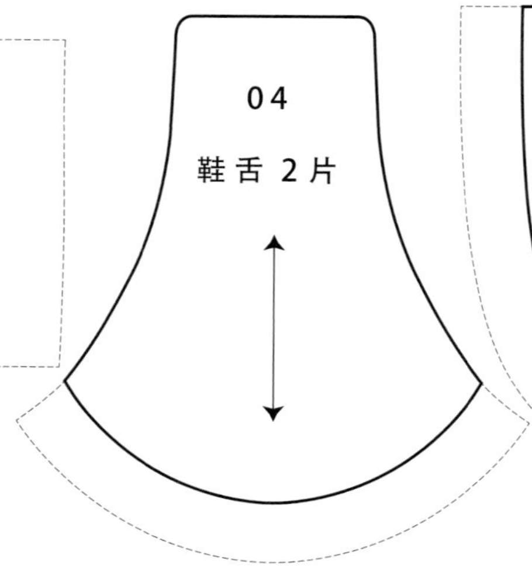

04
鞋舌 2片

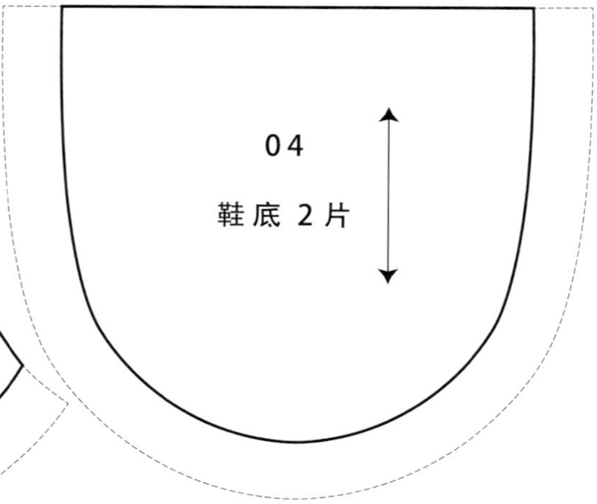

04
鞋底 2片

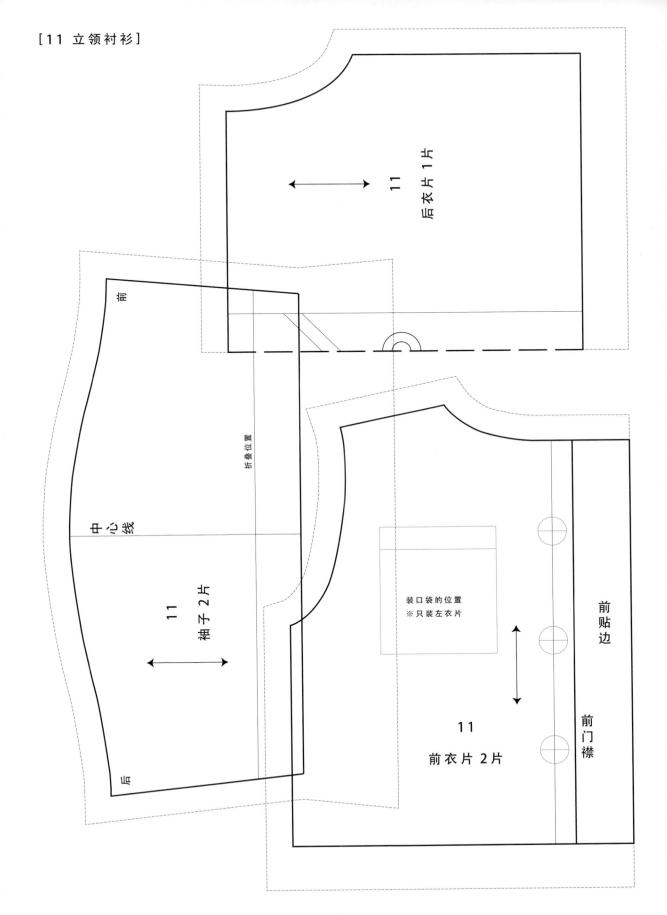

后衣片 1片

11

前

折叠位置

中心线

11

袖子 2片

后

装口袋的位置
※只装左衣片

前贴边

11

前衣片 2片

前门襟

[11 立领衬衫]

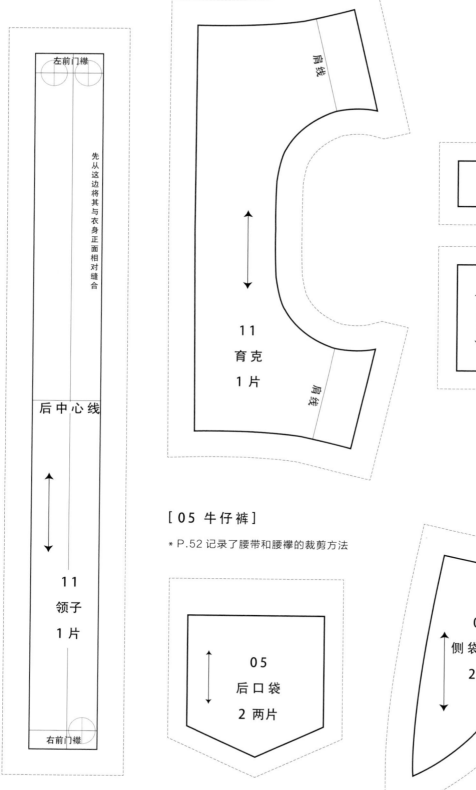

左前门襟

先从这边将其与衣身正面相对缝合

后中心线

11
领子
1片

右前门襟

肩线

11
育克
1片

肩线

11袋口布
1片

11
口袋
1片

[05 牛仔裤]

* P.52 记录了腰带和腰襻的裁剪方法

05
后口袋
2 两片

05
侧袋垫布
2片

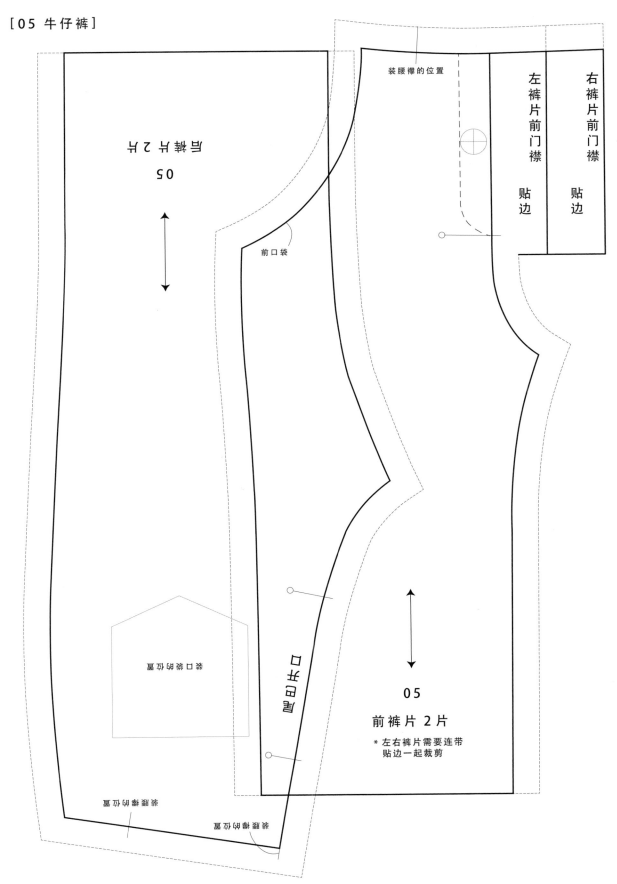

后裤片 2 片

05

前口袋

装腰襻的位置

右裤片前门襟
贴边

左裤片前门襟
贴边

袋口布的位置

贴口布的位置

装腰襻的位置

装腰襻的位置

05

前裤片 2 片

* 左右裤片需要连带
  贴边一起裁剪

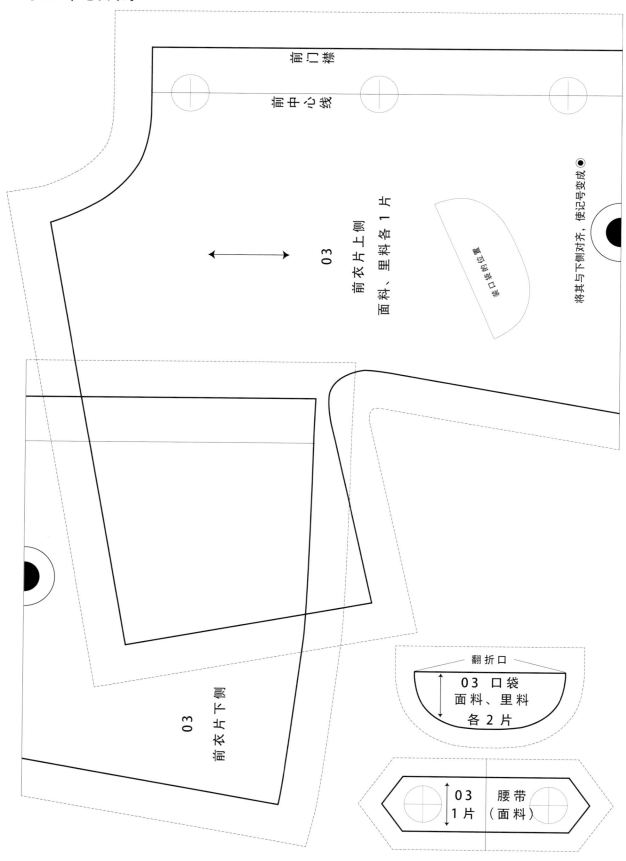

前门襟

前中心线

03

前衣片上侧

面料、里料各1片

装口袋的位置

将其与下侧对齐，使记号变成●

03

前衣片下侧

翻折口

03 口袋
面料、里料
各2片

03
1片

腰带
（面料）

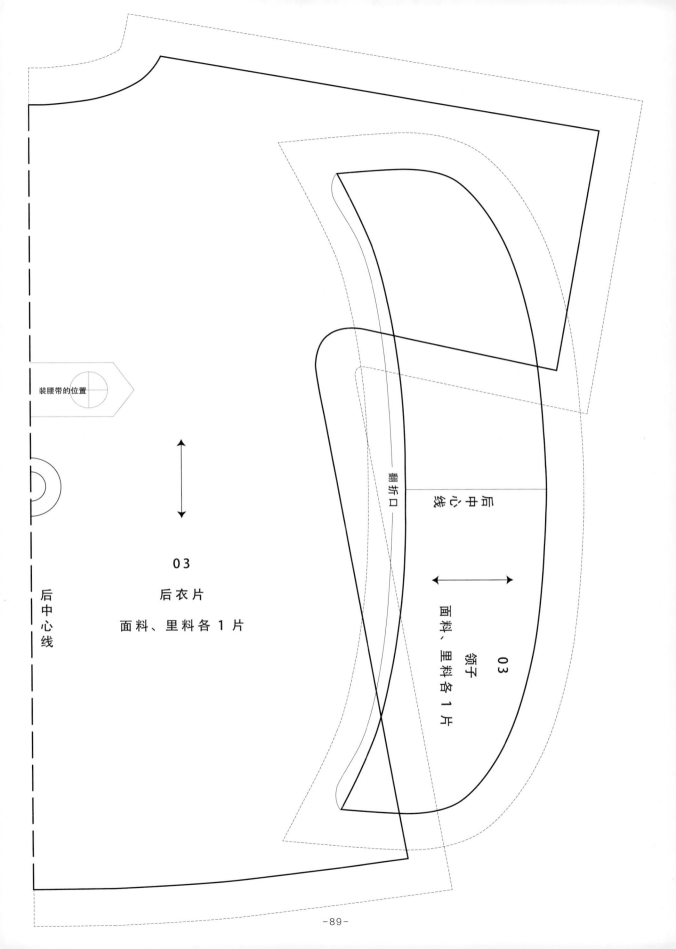

装腰带的位置

03

后衣片

面料、里料各 1 片

后中心线

翻折口

后中心线

03

领子

面料、里料各 1 片

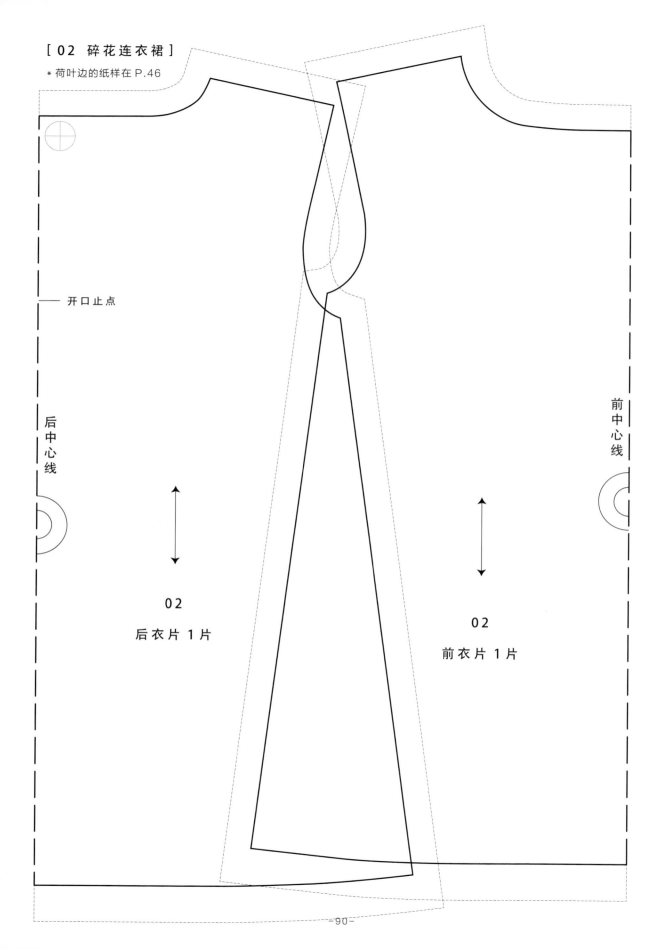

[02 碎花连衣裙]

* 荷叶边的纸样在 P.46

开口止点

后中心线

前中心线

02

后衣片 1 片

02

前衣片 1 片

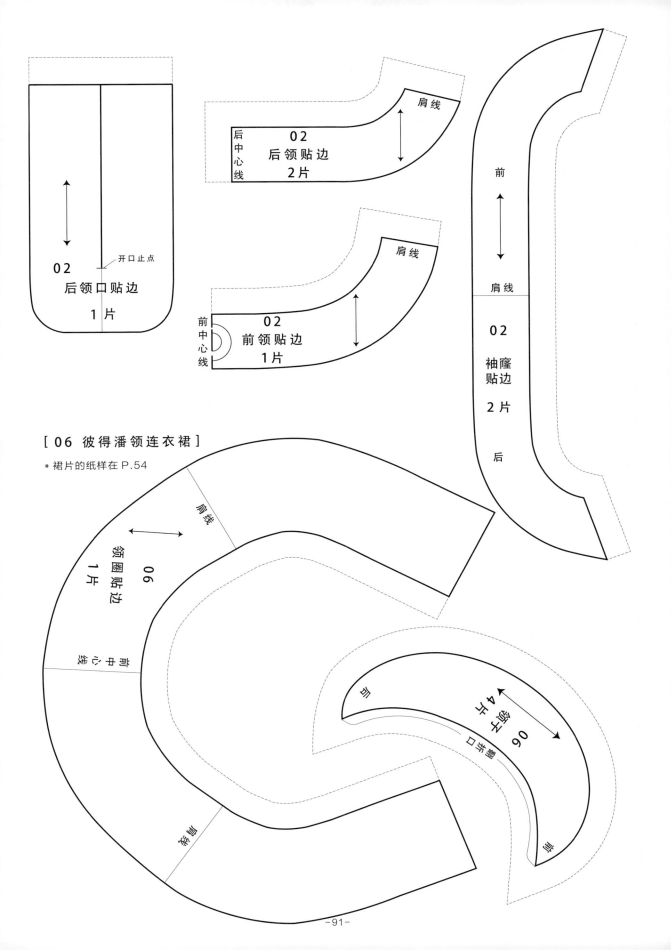

02
后领口贴边
1 片

开口止点

02
后领贴边
2 片

后中心线

肩线

02
前领贴边
1 片

前中心线

肩线

前

肩线

02
袖窿贴边
2 片

后

[06 彼得潘领连衣裙]

* 裙片的纸样在 P.54

肩线

06
领圈贴边
1 片

前中心线

肩线

前

06
领子
4 片

翻折止点

前

[06 彼得潘领连衣裙]

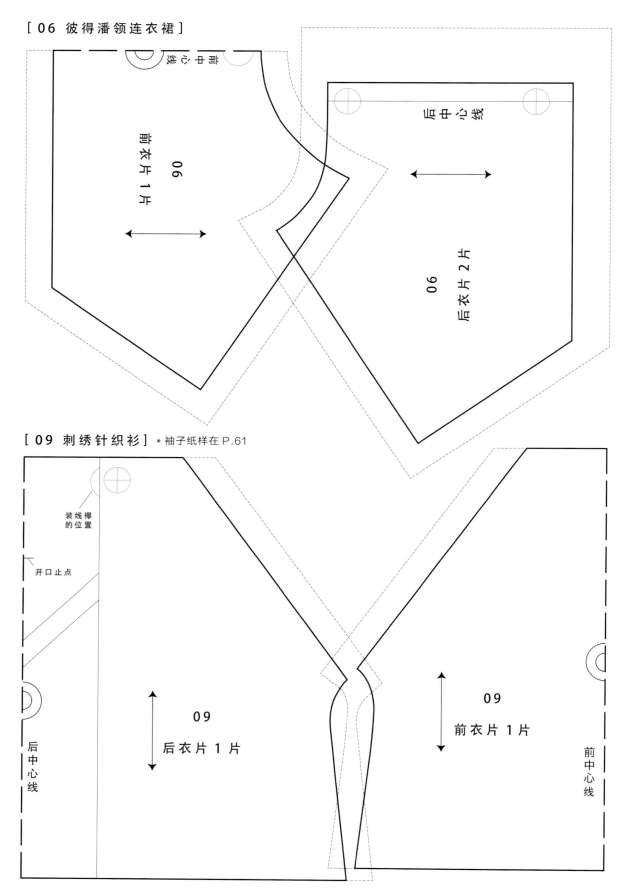

前中心线

前衣片 1 片

06

后中心线

06

后衣片 2 片

[09 刺绣针织衫] *袖子纸样在 P.61

装线襻
的位置

开口止点

09

后衣片 1 片

09

前衣片 1 片

后中心线

前中心线

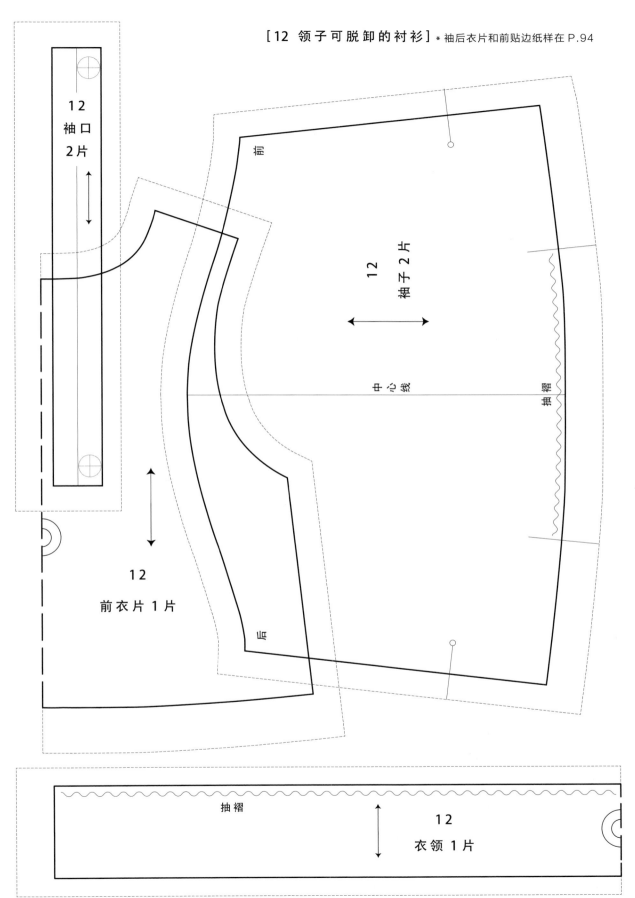

12
袖口
2片

12
袖子 2 片

前

中心线

抽褶

12
前衣片 1 片

后

抽褶

12
衣领 1 片

[12 领子可脱卸的衬衫]

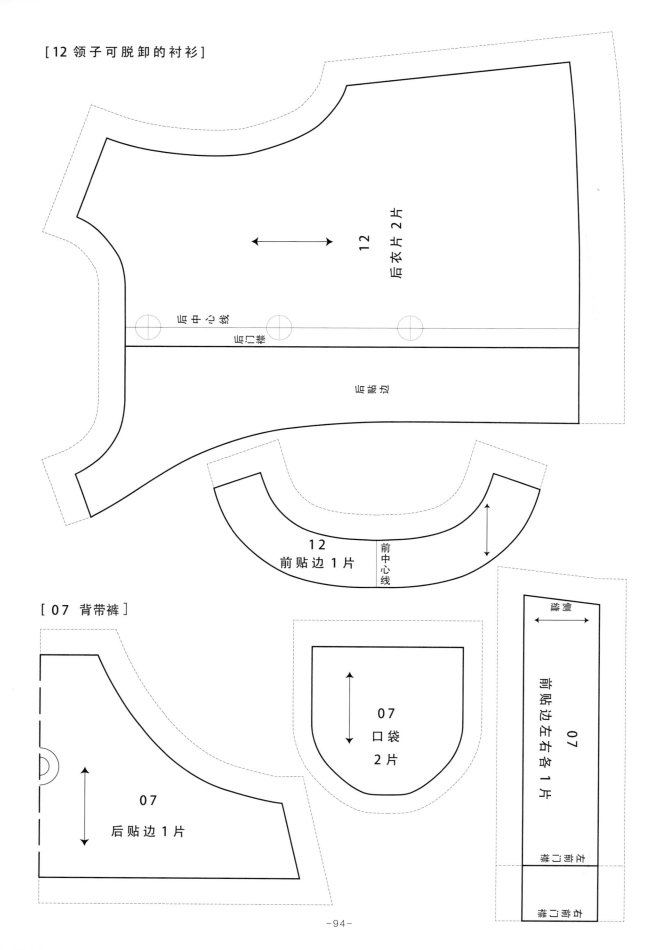

后衣片 2 片

12

后中心线

后门襟

后贴边

12
前贴边 1 片

前中心线

[07 背带裤]

07
后贴边 1 片

07
口袋
2 片

侧缝

07
前贴边左右各 1 片

左前门襟

右前门襟

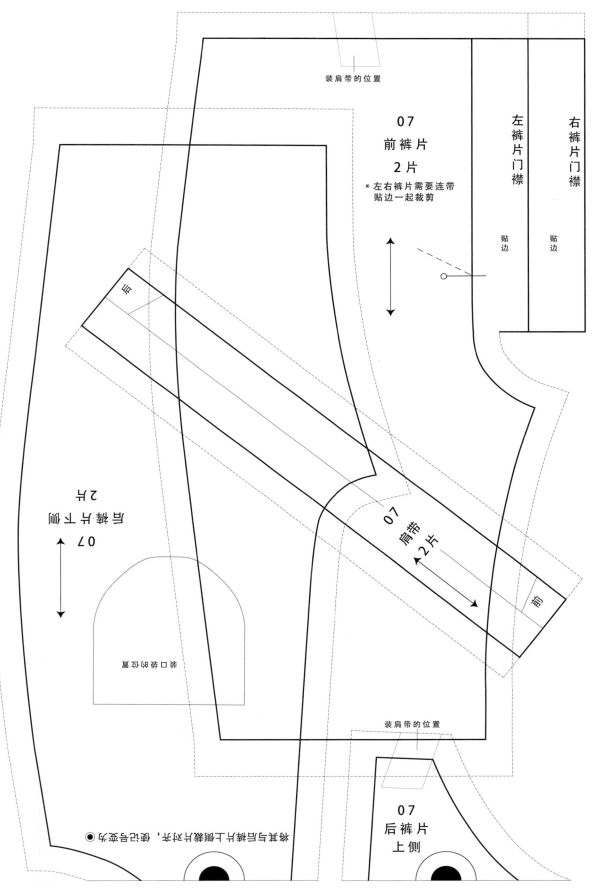

装肩带的位置

07
前裤片
2片

* 左右裤片需要连带
贴边一起裁剪

左裤片门襟

右裤片门襟

贴边

贴边

后

07
肩带
2片

前

07
后裤片下侧
2片

袖口蕾的收省

将其与后裤片上侧蕾片对齐，确记号处对齐 ●

07
后裤片
上侧

装肩带的位置

图书在版编目（CIP）数据

换装小熊快乐的一天：玩偶和服饰手作书 /（日）
金森美也子，（日）the linen bird 著；李向颖译 . --
上海：东华大学出版社，2024.6
ISBN 978-7-5669-2362-2

Ⅰ . ①换… Ⅱ . ①金… ② t… ③李… Ⅲ . ①玩偶 -
服饰 - 制造 Ⅳ . ① TS958.6

中国国家版本馆 CIP 数据核字 (2024) 第 104938 号

KISEKAE NUIGURUMI EHON
OSHAREGUMA KUKU NO TANOSHII ICHINICHI
by Miyako KANAMORI, the linen bird
©2023 Miyako KANAMORI, the linen bird
All rights reserved.
Original Japanese edition published by SHOGAKUKAN.
Chinese (in simplified characters) translation rights in China
(excluding Hong Kong, Macao and Taiwan) arranged with
SHOGAKUKAN through Shanghai Viz Communication Inc.

版权登记号：图字 09-2024-0183 号

责任编辑：哈申

换 装 小 熊 快 乐 的 一 天
玩偶和服饰手作书

HUANZHUANG XIAOXIONG KUAILE DE YITIAN
WANOU HE FUSHI SHOUZUOSHU

著　者：[日]金森美也子、the linen bird
译　者：李向颖
出　版：东华大学出版社
　（上海市延安西路 1882 号　邮政编码：200051）
出版社网址：dhupress.dhu.edu.cn
天猫旗舰店：http://dhdx.tmall.com
营 销 中 心：021-62193056 62373056
印　刷：上海万卷印刷有限公司
开　本：787 mm x 1092 mm　1/16
印　张：6
字　数：135 千字
版　次：2024 年 6 月第 1 版
印　次：2024 年 6 月第 1 次印刷
书　号：978-7-5669-2362-2
定　价：79.00 元

金森美也子　Miyako Kanamori
布艺玩偶作家。1970 年出生于神奈川县。1998 年开始使用旧衣服和
日用品制作动物雕像和布偶。在展示和出书的同时，她还举办了布偶
制作工作坊活动。著作有《松鼠制作的手套布偶》（文化出版局）、《白
熊的世界》（文化出版局）、《nui -gurumi》(FOIL)、《手套猫的
制作方法书》（光文社）、《用旧衣服做布偶》（产业编辑中心）等。

the linen bird
2003 年在东京二子玉川创立的亚麻专卖店，以比利时亚麻布面料为
中心经营室内装饰、手工艺品，并开设工作坊和课程。2012 年，开设
了针织品店 MOORIT 作为姐妹店。代表著作有《亚麻屋的亚麻之书》
（筑摩书房）、《想用这样的线编织》(Graphic-sha) 等。
https://linenbird.com

日版设计人员

摄影　　　　Kitchin Minoru　※P.63 除外
作品设计　　布艺玩偶　　金森美也子
　　　　　　衣服、配件　米田伦子 (the linen bird)
书籍设计　　三井瞳
制作方法　　小川真奈美、西田彩、番场洋子、三井瞳
作品制作　　青木友美、西田彩
摄影助理　　Café Lisette